总主编◎张颢瀚　汪兴国

人文社会科学通识文丛

关于生命科学的100个故事

100 Stories of Biology

王　浩◎编著

南京大学出版社

图书在版编目(CIP)数据

关于生命科学的100个故事 / 王浩编著. — 南京 :
南京大学出版社，2018.9(重印)
(人文社会科学通识文丛/张颢翰，汪兴国，吴颖文，
王月清主编)
ISBN 978-7-305-13202-5

Ⅰ. ①关… Ⅱ. ①王… Ⅲ. ①生命科学－青少年读物
Ⅳ. ①Q1－0

中国版本图书馆CIP数据核字(2014)第095771号

本书经上海青山文化传播有限公司授权独家出版中文简体字版

出版发行　南京大学出版社
社　　址　南京市汉口路22号　　邮　　编　210093
网　　址　http://www.NjupCo.com
出 版 人　左　健

丛 书 名　人文社会科学通识文丛
总 主 编　张颢瀚　汪兴国
执行主编　吴颖文　王月清
书　　名　关于生命科学的100个故事
编　　著　王　浩
责任编辑　江宏娟　　　　编辑热线　025-83597243

照　　排　南京南琳图文制作有限公司
印　　刷　南京大众新科技印刷有限公司
开　　本　787×960　1/16　印张 13.25　字数 245 千
版　　次　2014年1月第1版　2018年9月第2次印刷
ISBN 978-7-305-13202-5
定　　价　38.00元

发行热线　025-83594756　83686452
电子邮箱　jryang@nju.edu.cn

---

* 版权所有，侵权必究
* 凡购买南大版图书，如有印装质量问题，请与所购
图书销售部门联系调换

江苏省哲学社会科学界联合会

《人文社会科学通识文丛》编审委员会

总 主 编　张颢瀚　汪兴国

执行主编　吴颖文　王月清

编 委 会（以姓氏笔画为序）

王月清　左　健　叶南客　刘宗尧

孙艺兵　汪兴国　李祖坤　杨金荣

吴颖文　张建民　张颢瀚　陈玉林

陈法玉　陈满林　金德海　金鑫荣

徐向明　徐爱民　潘时常　潘法强

选题策划　吴颖文　王月清　杨金荣　陈仲丹

李　明　王　军　倪同林　刘　洁

前言：神奇的生物，童话的世界

世界之所以精彩，很大一部分要归功于多彩多姿的生物。从年代久远的玛士撒拉虫，到当今地球上的一草一木；从纷乱复杂的生态群落，到微小神秘的细胞基因，每一种生物都在用自己美丽的生命，丰富着这个原本灰色的世界。

面对着那么多的未知，你一定会问生命是如何起源的？你还会问生命是如何进化的？你甚至可能会问，孩子为什么那么像父母？人老了为什么会死亡？假如这些问题还不能满足你的探索欲，你最后肯定会问，有外星人吗？除了我们地球，外层空间里还有生命吗？……

置身于多彩多姿的生物界，到底如何破解其中蕴含的秘密？这就是生命科学与生俱来的使命。

生命科学是研究生命现象和生命活动规律的科学。当人们不了解生命的真相时，往往依靠思辨的力量，试图揭开这个谜底。而当科学有足够的水平来探索这个古老问题的时候，我们看到了一个童话般的生命演进过程。从有生命起源的那一刻开始，到如今五彩缤纷的生物世界，分为了三个循序渐进的阶段，即起始的化学进化阶段，逐渐进入RNA世界阶段，并最终演化到现代生命形成阶段。这一切的发现，都应该归功于生命科学的进步。

生命科学在不断发展，生命进化的激流也在冲刷着大自然古老的海岸，只要生命不息，生命科学的研究就不会停止。本书的100个故事以及提纲挈领的理论常识，不过是对亿万年来生物历史的惊鸿一瞥，但却是对生命科学的一次复盘和整理。生命科学追随着物种演变的脚步，使人类对生命世界的认识逐渐由模糊到清晰，并因此而对生命产生宗教般的敬畏和尊重。这种开创艺术与科学的生命情感，是我们自觉和不自觉地从对生命科学的理性探寻中得来的，也是生命科学神奇而又蓬勃的力量对我们人类的巨大推动。

本书就是生物世界的示范窗口和解说员，将带领你跨越几亿年的时空，沿着各种生物的生命轨迹，去品味细胞的魔力、真菌的奇幻、植物的多姿、动物的精灵，以及大自然中千变万化的生命传说，尽述世界的无穷奥妙。

如果你在海边漫步，捡到几枚漂亮的海贝；如果你在花园捕到一只美丽的蝴蝶；如果你在萧瑟的秋风中拾起一片红叶……你在赞叹造物主的神奇之余，仍会被生命的各种现象所迷惑，对生命的生生不息感到不可思议。那就翻开这本书吧！它会像显微镜一样，为你放大万物微观的世界；它也会像望远镜一样，让你对整个世界了然于胸。

亲爱的读者们，当你阅读了书中的100个关于生命科学的故事，了解了100个生命科学问题时，我想，你会更加珍惜上帝赐予我们的精彩人生。

目　录

第1篇　谱写生命科学新华章

第2篇　生命科学的进化与发展

第3篇　枝繁叶茂的生命科学大树

第4篇　生命科学带来的丰硕成果

第1篇

谱写生命科学新华章

进化论先驱最早提出“生命科学”这一科学名词

生命科学是研究生命现象和生物活动规律的科学，属于自然科学的一个门类。

布丰以后，法国又出现了一位伟大的博物学家，他有一个长长的名字和称号，但人们都习惯称他为拉马克，表达对他的尊重和喜爱。

青少年时期的拉马克兴趣广泛，但常常是浅尝辄止。他曾经在耶稣会学院受过教育，可是很快就产生了厌倦感，放弃了宗教事业。1760年，拉马克的父亲在战争中战死，为了替父亲报仇，他参加了军队，因为作战英勇被提升为军官。

在19岁那年，拉马克不幸身患颈部淋巴腺炎，只得退伍回巴黎进行手术治疗并休养，此后便在巴黎靠微薄的津贴与出卖劳动力维持生活。当时正是天文学兴起的时期，拉马克整日仰首望着多变的天空，梦想自己能够成为一名天文学家。

后来，拉马克在银行里找到了工作，他也因此转变了志向，希望能成为金融家。与此同时，他还迷恋上了音乐，居然能拉上一手不错的小提琴，便想转行成为音乐家。

不久，他的哥哥劝他改行当医生，因为在那个时代，医生是很吃香的职业。就这样，拉马克进入了巴黎高等医学院。可是四年之后，他发现自己对医学又没有了兴趣。

就在拉马克在人生的道路上徘徊不定的时候，他结识了当时法国最有名望的科学家布丰。他们经常结伴到野外观察植物，讨论博物学问题，在布丰的影响下，拉马克坚定了研究植物学的志向。

通过一个偶然的机会，拉马克在植物园游玩时遇到了大名鼎鼎的资产阶级启蒙学者鲁索，几经接触，他们成为了亲密的朋友。鲁索时常把他带到自己的研究室里去参观，并向他介绍许多科学研究的经验和方法。在鲁索的引导下，拉马克开始专注于生物学的研究。从此，他专心致志地研究植物达十年之久，并写成了《法国植物志》。他在书中简单准确地描述了植物的性状，并在植物鉴定方面提出独到的见解。这部巨著一出版就引起了轰动，使拉马克一举成名，并且在布丰的提名下，当选为法国科学院的植物学部院士。

1789年,法国大革命爆发。随着旧日的皇家植物园更名为国立自然历史博物馆,拉马克的研究范围也逐渐由植物学转移到动物学方面。1793年,他出任博物馆无脊椎动物学教授,这在当时是一项无人愿意承担的任务,因为无脊椎动物领域还处于一片荒芜之中。但他以惊人的勇气和顽强的毅力,对这个领域的研究做出了非凡的贡献。他将动物分为脊椎动物和无脊椎动物两大类,并首次提出"无脊椎动物"一词,由此建立了无脊椎动物学。1801年,他完成了《无脊椎动物的分类系统》一书,在书的前言中,他创造性地阐述了自己的生物进化思想,指出了环境对有机体变异产生的影响,这一观点成为他以后形成完整的进化学说的重要基础。

在拉马克最重要的著作《动物学哲学》一书中,他把脊椎动物分为鱼类、爬虫类、鸟类和哺乳动物类四个纲,并将这个次序看做是动物从单细胞有机体过渡到人类的进化次序。作为进化论的先驱者,拉马克在书中全面论述了自己的观点。他认为,包括人在内的一切物种都是由其他物种演变而来,而不是神创造的;生物是从低等向高等转化的;环境变化可以引起物种变化,生物为了适应环境继续生存,物种一定要发生变异;家养可以使物种发生巨大变化等等。

对于环境对物种变化的影响,拉马克还提出了两个著名的理论,就是继进化论先驱最早提出"生物学"这一科学名词后的"用进废退"和"获得性遗传"。前者指经常使用的某种器官用得越频繁,就会越强壮、越发达;某种器官如果经常不用,其功能就会不断衰退,器官本身也会退化,直至消失。比如,长颈鹿的祖先生活在干旱缺草的非洲地区,为了生存,它们不得不改变吃草的习性而尽量伸长颈和前肢去吃树上的嫩叶。这样,颈和前肢由于经常使用而逐渐得到少许延长。后者指后天获得的新性状有可能遗传下去。比如,脖子变长的长颈鹿通过获得性状遗传将这一特性传给了后代,其后代的脖子一般也长。

在未接触动物学之前,拉马克也和其他人一样,深信动物都是被创造出来的。可是当他通过对这一领域的研究得出了物种都是在不断进化的真理后,便与当时占领导地位的物种不变论者进行了激烈的抗争,同时他还反对居维叶的激变论。由于他坚持真理,不免会受到反对者的打击和迫害,导致当时人们无法对他的贡献做出中肯的评价。但他却说:"科学工作能给予我们以真实的益处;同时,还能给我们找出许多最温暖、最纯洁的乐趣,以补偿生命中种种无法避免的苦恼。"

拉马克最早提出了"生物学"这一科学名词,这就为解释什么是生物学提供了方向。顺藤摸瓜,我们不妨了解一下什么是生物学。生物学主要是研究生物的结构、生物的功能、生物的发生和发展规律,以及生物与周围生存环境的关系等相关问题的科学,属于自然科学的一个门类。

生物学既然是一门科学，那么它一定有自己的研究对象。生物学的研究对象包括微生物学、古生物学、动物学和植物学等。而从生物学的研究内容上看，又分为生态学、分类学、生理学、解剖学、分子生物学、细胞学、遗传学、生物进化学，以及生物学自身发展历史等等。从生物学研究的方法论角度来说，又分为实验生物学与系统生物学等体系。

生物学这门科学虽然兴起很晚，但在20世纪40年代以后，有了突飞猛进的发展，逐渐成为一门严谨而完善的学科，特别是吸收了数学、物理学和化学等学科的研究成果后，进一步发展成为一门定量、精确、深入到分子层次的科学，进一步揭示出生命的本质和生物发生、发展的内在规律。生命史以及生物学史，是生物学的两个相关重点。

现代生物学是一个分支众多、内容繁杂的庞大的知识体系，就这个庞大的知识体系的研究对象、分科分类、研究方法和研究意义来说，每取得一个进步，都会与人类的生存发展息息相关，并产生重要的影响。为此，生物学的发展，也是人类未来生活的必然要求。

小知识

布丰(1707年—1788年)，法国博物学家。他以百科全书式的巨著《自然史》闻名，是最早对"神创论"提出质疑的科学家之一，也是现代进化论的先驱者之一。

自杀者无法理解生命科学的真实含义

生物学早已让人们认识到，生命是物质的一种运动形态，它的基本构成单位是细胞，是一个由蛋白质、核酸和脂质等生物大分子构成的复杂的物质系统。生命现象就是这一复杂系统中物质、能量和资讯三个量综合运动与传递的表现。

有一个年轻人，非常喜欢观察鸟类，他从鸟儿的身上，竟然发现了一个生物学的秘密，但苦于无法证实自己的发现，而陷入深深的烦恼之中。

年轻人的这个发现，就是生物的利他主义。所谓利他主义，就是指一个个体在特定的环境下，用牺牲自己的适应性的方式，来增加和提高另一个个体适应性的表现形式，这种形式表现在人类以及动物界，作为一种不可忽略而且必然存在的现象，得到了许多人的一致认可。

可是在1964年，威廉·D·汉米尔顿却对此说法提出了另外一个解释，那就是"亲缘选择论"，也就是说所谓利他主义，都是有条件的，比如父母与子女之间，同胞姊妹之间，因为存在着血缘关系，所以会有利他的行为。而这种利他的行为随着血缘关系的亲疏远近而有所不同，关系越近，利他的行为也就越强烈，反之也就越冷漠。

这种表现形式在鸟类的身上表现得更加明显，比如幼鸟在受到攻击时，父母会不畏牺牲挺身相救。

这个年轻人通过对鸟类的观察，一直笃信利他主义是人类的天性，就是说，利他主义是人类与生俱来的天性，与血缘无关。当他接触到威廉·D·汉米尔顿的"亲缘选择"说法以后，便觉得这个说法有些片面，就想寻找一些论据进行辩驳。可是他所搜寻到的很多利他主义的表现形式，最后都无一例外地成为了"亲缘选择"的有力佐证，天性利他主义的说服力简直太渺小了。

最后，这个崇信天性利他主义的年轻人终于转变了思想，开始被迫倾向于"亲缘选择"，虽然他没有找到更有力的证据来驳回汉米尔顿的理论，但是他的骨子里还是不愿意改变和违背自己当初的想法。过了一段时间后，他竟然无奈地选择了

自杀。

自杀是一种不热爱生命、不珍惜生命的行为。如果真正了解了生命的意义，人类就不会选择自杀。但是，要想了解生命的意义，人们必须借助生物学这门科学，详细了解生命存在的本质，了解生命发生发展的规律，了解生命存在的巨大价值。

作为生物学研究对象的生物，估计目前地球上现存200万到450万种，已经灭绝的种类就更多了，保守估计也有1 500万种以上。虽然生物具有多种多样的形态结构，生存方式也变化多端，但其内在生命机理都是大同小异，差别并不大。

生物学早已让人们认识到，生命是物质的一种运动形态，它的基本构成单位是细胞，是一个由蛋白质、核酸和脂质等生物大分子构成的复杂的物质系统。生命现象就是这一复杂系统中物质、能量和信息三个量综合运动与传递的表现。

与无生命物质相比，有生命物质具备了很多特性：

首先，能够在常温常压下，合成多种包括一些复杂的生物大分子在内的有机化合物。

其次，能够利用环境中的物质和能量制造体内所需的各种物质，而且效率要远远超出机器的生产效率，并且不像机器那样排放污染环境的有害物质。

再次，储存信息和传递信息的效率极高，具有极强的自我调节功能和自我复制能力。

最后，有生命的物质，均以不可逆的方式，进行着个体的发育和推进着整个物种的演化，不断把生命形式推向更高级、更能适合环境生存需要。

认清生命过程的不可逆性，人类就会更加珍惜生命，更加注重生命的品质。

小知识

查尔斯·罗伯特·达尔文(1809年—1882年)，英国生物学家，进化论的奠定人。曾乘贝格尔号舰进行了历时5年的环球航行，对动植物和地质结构等进行了大量的观察和采集。出版《物种起源》这一划时代的著作，提出了生物进化论学说，进而摧毁了各种唯心的神造论和物种不变论。恩格斯将“进化论”列为19世纪自然科学的三大发现之一(其他两个是细胞学说，能量守恒和转化定律)。

从盘古开天辟地到纷乱复杂的生命起源之谜

关于生命的起源，存在着以下几种说法：创造论、自然发生说、化学起源说、宇宙生命论和热泉生态系统。伴随着19世纪达尔文的《物种起源》一书问世，为人类科学地探索生命的起源，提供了一条更加接近真理的道路的，那就是化学进化论。

据说很久很久以前，在天地还没有形成的时候，到处是一片混沌，它无边无际，样子就像一个浑圆的鸡蛋。在这混沌之中，孕育了人类的祖先——盘古。

大约过了一万八千年，盘古在这混沌之中孕育成熟，他发现眼前漆黑一团，于是就非常生气地用自己制造的斧头劈开了这混沌的圆东西。随着一声巨响，混沌中轻而清的阳气上升变成了蓝天，重而浊的阴气下沉变成了大地。于是，宇宙有了天地之分。

盘古出世以后，头顶蓝天脚踏大地挺立在天地之间。以后，天地每日增高或增厚一丈，盘古也跟着每日长高一丈。就这样，又经过了一万八千年，当天高得不能再高、地深得不能再深的时候，盘古也变成了九万里长的巨人，就像一根柱子一样撑着天和地，使它们不再变成过去的混沌状态。

此时，在天地间只有盘古一个人。因为天地是他开辟出来的，所以天地也随着他的情绪发生不同的变化：他高兴的时候天空就晴朗；他发怒的时候天空就阴沉；他哭泣的时候天空下雨，落到地上汇成了江河湖海；他一叹气大地上就刮起狂风，眨眨眼睛天空就出现闪电，一打鼾空中就响起隆隆的雷鸣声。

盘古为了把天和地撑开，消耗掉所有的心血，还没来得及观看被自己创造出来的天和地，便死去了。就这样，他的左眼变成了光芒刺眼的太阳，右眼变成阴晴圆缺的月亮。他的身体变成了高低起伏的山脉，头部成了东岳泰山，脚成了西岳华山，肚子成了中岳嵩山，两个肩胛一个成为南岳衡山，另一个成为北岳恒山。他的头发和眉毛变成了星星，他的骨头变成了深埋在地下的宝藏，他的肌肉变成了滋养大地的肥料，他的血液变成了滚滚江河……

盘古开天辟地是生命起源的一种假说。关于生命起源之谜，历来众说纷纭，莫衷

盘古开天辟地

一是。生命产生于何时、何地，特别是如何起源的问题，一直困扰着人类，成为人们关注和争论的焦点，也成为了现代自然科学苦苦追寻的目标。

关于生命的起源，存在着以下几种说法：

第一种说法是创造论，也就是神造说，认为生命是由神创造出来的。例如，盘古开天地，上帝创造万物等等。

第二种说法是自然发生说，又称自生论或无生源论，认为生命是由无生命物质自然发生的，或者由另外一些截然不同的物体产生的。例如中国古代的“腐草化萤”说。

第三种说法是化学起源说，认为地球上的生命是在地球产生后，随着地球温度的逐步降低，一些非生命物质，在一个漫长的时间内，经过极其复杂的化学变化过程，慢慢演变而来。这一假说，被生物学家和广大学者所普遍接受。

第四种说法是宇宙生命论，也被称做泛生说。认为地球上最初的生命来自宇宙间的其他星球，是宇宙太空的“生命胚胎”，随着陨石或其他途径到达地球表面而成为生命的源头。

第五种说法是热泉生态系统，认为热泉喷口附近的热泉生态系统是孕育生命的最初场所，所有的生命起初均有可能来自该系统。

关于生命起源的说法虽多，但伴随着19世纪达尔文的《物种起源》一书问世，为人类探索生命的起源，揭示生命的奥秘，提供了一条更加接近真理的道路的，那就是化学进化论。沿着这条道路，相信有一天，人类必将揭开生命起源这个千古谜团。

小知识

德弗里斯(1848年—1935年)，荷兰植物学家和遗传学家，门德尔定律的三个重新发现者之一。他根据进行多年的月见草实验的结果，于1901年提出生物进化起因于骤变的“突变论”，使许多人对达尔文的渐变进化论产生了怀疑。但后来的研究显示，月见草的骤变是较为罕见的染色体畸变所致，并非进化的普遍规律。其主要著作有《突变论》、《物种和变种，它们透过突变而起源》等。

腐草化萤是
生命自然发生说的代表作

生命自然发生说又被称做“自生论”或“无生源论”，这种说法认为，生物可以随时由无生命的非生物产生，或者由另一些截然不同或毫不相干的物体变化而来。直到 1860 年，法国微生物学家巴斯德做了一个简单的实验，才彻底否认了自然发生说。

相传，有一个美丽的仙女小萤，过腻了天上枯燥无聊的日子。一天，她偷偷地来到地下界，却不小心被巡逻的天兵发现。小萤慌不择路跑到一个山谷里，躲过了天兵的追查。

小萤发现山谷里面盛开着五颜六色的鲜花，花朵上流光溢彩，色彩缤纷，令人目不暇接。同时，空气中还飘散着醉人的芳香，沁人心脾。小萤十分喜欢那些花儿，于是她快速跑过去，轻轻抚摸着娇艳可人的花瓣，嗅着花朵的芳香，不免沉醉其中。

突然，她的耳边传来一阵美妙的乐声，转身望去，只见一位帅气英俊的男子正坐在巨石上抚琴。小萤不禁疑惑地问：“你是谁？来自何方？”

“我是谁不重要，重要的是，我们在这里相逢就是有缘分。”男子双手按住琴弦，淡然地回答。

“琴声很好听，为什么要停下来呢？”小萤眨着眼睛，纳闷地说。

“女为悦己者容，士为知己者死。你能听出我琴音里的故事吗？”

“琴音有些悲伤，你心里一定有太多的不满和忧郁。”小萤微笑着说道。

这时，一阵“吱吱吱”的轻微声响，在山谷某处响了起来，小萤和男子把它当做风吹的声音，并未在意。

“可否为小女子抚琴一曲。”小萤一脸渴望。

“佳人有此要求，小生怎敢推辞。”说罢，男子席地而坐，开始用心弹琴。小萤则坐在旁边，侧耳倾听。

突然，传来一阵哀嚎，琴声瞬间中断，男子无缘无故失踪了。小萤拼命地寻找，甚至不惜暴露自己所在而施展法力寻找……

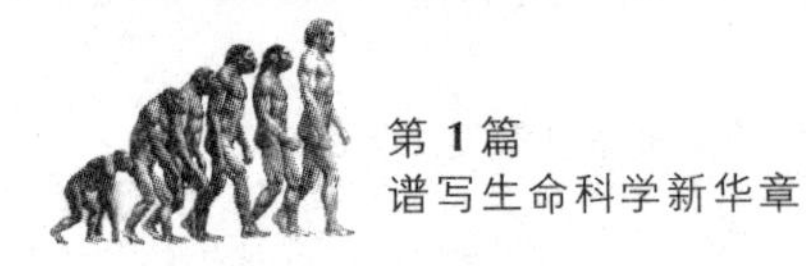

小萤不知道，原来她已爱上了这个温文尔雅的陌生男子，为了那一曲，她愿意抛弃所有。“吱吱吱”声再次响起，小萤随声望去，这才知道原来是食人花将她的一切毁灭了。小萤和食人花奋战，最后身疲力尽才将食人花消灭。天兵天将也闻声而动，将可怜的小萤包围。小萤无奈散尽神力，化身成一株陪伴花朵的小草……

一年又一年，春去秋来，人们发现每逢夏季，那些枯萎、腐烂的小草，总会流出晶莹的相思泪，泪水散发着洁白的光芒。最后，这些泪水飘到空中，化成点点的萤火虫。人们传说着，那是萤火虫在寻找她的恋人。

腐草化萤的故事，是关于生命起源的自然发生说的代表作。生命自然发生说又被称做“自生论”或“无生源论”。这种说法认为，生物可以随时由无生命的非生物产生，或者由另一些截然不同或毫不相干的物体变化而来。

19世纪以前，自然发生说广泛流传并得到了人们普遍的认可。

例如，古代中国人认为，肉腐烂了就会生出蛆虫，鱼干枯了就会生出蠹虫，萤火虫则是从腐草堆里生出来的。还有一种说法是蚂蚱产卵后，如果卵是在沙堆里，就发育成蚂蚱，如果卵在水里，就发育成小鱼。

古代西方人的观点也大致与古代中国人相同，例如有人认为树叶落在水里变成鱼，落在地上就变成鸟。大哲学家亚里士多德就是一个自然发生论者，他认为，有些鱼是由淤泥和沙砾发育而成的。最有意思的是，有人还做了一个试验，验证了生命自然发生的说法。这个人将谷粒、破旧的衬布塞入瓶子里，并把瓶子放在了一个僻静处，结果21天后，真的就生出了一窝小老鼠，并且这些老鼠与一般的老鼠毫无二致。

正在做实验的巴斯德

直到1860年，法国微生物学家巴斯德做了一个简单的实验，才彻底否认了自然发生说。巴斯德的实验非常有说服力，他把肉汤置于烧瓶中加热沸腾，之后冷却，如果烧瓶不加塞，肉汤里很快繁殖出很多微生物，如果瓶口加上棉塞，肉汤中就没有微生物出现，由此他得出结论：微生物来自空气中，而非肉汤里自然而然产生的。

自然发生说的出现并不令人奇怪，因为那时候人们还只能根据一些表面的现象来想象和推测生命的起源。

小知识

路易丝·巴斯德(1822年—1895年)，法国微生物学家、化学家。在他的一生中，曾对同分异构现象、发酵、细菌培养和疫苗等研究取得重大成就，进而奠定了工业微生物学和医学微生物学的基础，并开创了微生物生理学，被后人誉为"微生物学之父"。

最博学的大师按照生物本性进行分类和研究

生物都有各自的本性，如果按照生物的本性来分类，一般分为三类，即非细胞生命形态、原核生物和真核生物。生物的各种类型之间，虽然特征鲜明，但也有一系列中间的环节，进而形成了连续的谱系。

公元前343年，亚里士多德应邀成为亚历山大大帝的老师。在这期间，亚里士多德利用现有的资源解剖了许多不知名的动物，并从中发现一条规律：越是高级的生物，内部结构就越复杂。

对多种学科有研究的亚里士多德率先将前人观察结果和从渔夫、农夫以及见识过其他不知名生物的学者、旅行者手中搜罗的第一手数据，进行了系统的统计、汇编和整理。同时利用自身现有的解剖知识和经验，描述了将近600多种生物，范围包括昆虫、鱼类、两栖、哺乳、鸟类等等。

亚里士多德并未继承老师柏拉图的唯心主义，而是将观察、实践、研究等工作，置于唯心主义理论之上。因此，他埋首于真实的、活生生的生物，并从中得到接近真相的结论。这一点与前人以及柏拉图有很大的区别。他说过："在未确定事实真相前，若要确定的话，应该先信任观察得到的结果，而不是理论。只有观察与理论一致时，理论才可以信任。"

亚里士多德花了许多年的时间，将动物按照相似性和差异性进行分类，试图从中辨识出自然界生物本身的归类。他从中看出有些物种拥有相同的特征，例如两者都有羽毛或鳞，只能生活在水中或陆地上，或者繁育方式以卵生、以胎生等共同特征。他利用原始的手法，辨识出我们今天认定的主要动物分类，甚至成功地将动物划分为不同的类型。

生物都有各自的本性，如果按照生物的本性来分类，一般分为三类，即非细胞生命形态、原核生物和真核生物。

非细胞生命形态，顾名思义就是不具备细胞形态，主要指的是病毒，由一个核酸长链和蛋白质外壳构成。病毒没有自己的代谢系统和酶系统，不能产生腺苷三磷酸，一旦它离开了寄主细胞，就成了一种没有任何生命活动和不能自我繁殖的化学物质。因此，

阿拉伯人描绘的亚里士多德上课图

病毒是一种不完整的生命形态，是无生命与生命之间的一种过渡物质。

细胞有两大基本类型，就是原核细胞和真核细胞，由此反映了细胞进化的两个阶段。原核细胞的主要特征是没有线粒体、质体等膜结构的细胞器，没有核膜，不含组蛋白和其他蛋白质。原核细胞构成了原核生物，主要包括细菌和蓝藻，都是单生的或群体的单细胞生物。

真核生物是由真核细胞构成的生物，真核细胞的结构更为复杂，能够分裂出新的细胞。最原始的真核生物是原生生物。真核生物包括动物、植物和真菌。植物以光合自养为主要营养方式，真菌以吸收为主要营养方式，动物以吞食为主要营养方式。黏菌是一种特殊的真菌，是介于真菌和动物之间的生物。

生物的各种类型之间，虽然特征鲜明，但也有一系列中间的环节，进而形成了连续的谱系。由营养方式不同决定的三大进化方式，又使得各个种类之间在生态系统中呈现出相互作用的空间关系，构成了相互依存的统一的整体。

小知识

托马斯·亨特·摩尔根(1866 年—1945 年)，美国生物学家，被誉为“遗传学之父”。他一生致力于胚胎学和遗传学研究，由于创立了关于遗传基因在染色体上做直线排列的基因理论和染色体理论而获得 1933 年诺贝尔生理学或医学奖。

差点做了学徒的林奈确定现代物种分类法

现代生物分类法起源于林奈的生物分类系统，又称为科学分类法，它是根据物种共有的生理特征来对生物的种类进行归类的方法。后来，达尔文进化论提出后，依据共同祖先的原则，逐渐进行了改进。

林奈是现代生物学分类命名的创始人。他的父亲是一位乡村牧师，对园艺非常爱好，空闲时就来到花园里侍弄花草树木。幼时的林奈，受到父亲的影响，十分喜爱植物，他曾说："这花园与母乳一起激发我对植物不可抑制的热爱。"

在小学和中学时期，林奈的学业不怎么突出，他把大部分时间都放在野外采集标本上，见到不知名的植物，就拿去询问父亲，他父亲也会详细地为他解释。但有些时候，林奈也会拿着同样的植物去询问，他父亲则以"我已经告诉过你答案了"为理由，让林奈自己回忆，以便加强记忆。就这样，在父亲的帮助影响下，他所认识的植物种类越来越多。

1741年，林奈担任乌普萨拉大学植物学科教授，潜心研究植物分类学。在他以前，由于没有一个统一的命名法则，各国学者都按自己的一套工作方法命名植物，致使植物学研究困难重重。其困难主要表现在三个方面：一是命名上出现的同物异名、异物同名的混乱现象；二是植物学名冗长；三是语言、文字上的隔阂。

为了改变这种状况，林奈对此进行了系统的研究。他根据植物大小、数量和雄蕊、雌蕊的类型进行排列分类，率先提出纲、目、属、种分类法，将植物分为24个纲，116个目，一千多个属和一万多个种。对于如何给植物命名，林奈提出"双命名法"，即植物常用名由两部分组成，前者是属名，后者是种名。

林奈所提出的植物分类方法和"双命名法"，被各国植物学家接受并推广，结束了植物学界十几年混乱的局面，促进了各国植物学家的相互交流。

现代生物分类法源于林奈的系统，他根据物种共有的生理特征分类。在林奈之后，根据达尔文关于共同祖先的原则，此系统被逐渐改进。

林奈在他的巨著《自然系统》里，将自然界划分为三个界，即矿物、植物和动物，分类等级包括纲、目、属和种。

按照现代生物分类法，一个比较完整的分类单元次序如下：

域(总界)—界—门—亚门—总纲—纲—亚纲—下纲—总目—目—亚目—下目—总科—科—亚科—族—亚族—属—亚属—节—亚节—系—亚系—种。

种之下，还可以分为亚种和变种等。

20世纪60年代，分支学说出现，一个分类单元，就被定位在演化树的某个位置上。一个分类单元包括了某一共同祖先的所有后代，而且不含其他祖先的后代，那么这个分类单元被称为单系群。一个分类单元包括了拥有共同祖先，但没有包括所有后代的分类单元，被称为并系群。一个分类单元不包括最近祖先，被称为复系群。一般情况下，一个自然分类多数是指单系群，而不是并系群和复系群。

最高的单元称为域，大多数学者接受三域系统，分别是细菌域、古菌域和真核域。

近年来，分子系统学应用了生物信息学方法分析基因组DNA，正在大幅改动很多原有的分类，使其分类更科学、更准确了。

小知识

卡尔·冯·林奈(1707年—1778年)，瑞典植物学家、冒险家，现代生物学分类的奠定人，也被人们称为“现代生态学之父”。他把前人的全部动植物知识系统化，摒弃了按时间顺序的分类法，选择了自然分类方法，并创造性地提出双名命名法，涵盖了约8 800个种，可以说达到了无所不包的程度，被人们称为“万能分类法”。其主要著作有《自然系统》、《植物种志》等。

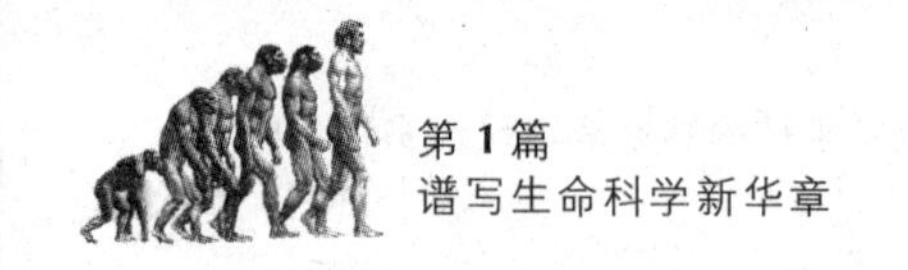

冬虫夏草的传说
代表着生物的共性

生物具有很多共同的属性和特征，有着共同的物质基础，遵循着共同的基本规律，构成了一个统一而又有着惊人多样性的物质世界。

有一个美丽的姑娘叫茨漾，她跟着双目失明的母亲相依为命。茨漾成年后，成了远近闻名的美女，求亲的人挤破了她家的大门，但都被茨漾拒绝了。

有一天，茨漾唱着歌，赶着自家的牦牛去放牧。路上，她遇见了王爷的儿子记迦，记迦命令手下人围住茨漾，并对她说："只要你跟我走，我保你一生有吃不尽的山珍海味，穿不完的绫罗绸缎。"美丽的茨漾冷冷一笑，让牧羊犬冲出一条路后，唱着歌走了。记迦惦记着美丽的姑娘，请求他的父亲带着上好酥油茶和丝绸前去提亲。茨漾婉言拒绝道："我是山里的一只麻雀，没有福气进入凤凰窝。"村里人见状，都责怪茨漾太傻，说她被浓雾迷住了眼睛。

记迦见父亲出面也没能让茨漾点头，内心如热锅上的蚂蚁一般难受。于是，他每天都带着随从，在茨漾必经的路上等候，只要她一出现，就上去纠缠。时间久了，记迦发现了茨漾的秘密。原来，茨漾心里有了中意的男子，他就是王爷家里的奴隶朗吉。

朗吉小时候父母早逝，茨漾的母亲见他可怜，就把他带回家，像亲生孩子一样对待。茨漾和朗吉自小青梅竹马，在情窦初开时，就私订了终身。记迦怎么会容许一个奴隶和自己抢女人，于是，他派人在朗吉放马的地方挖了个陷阱，并做好伪装。

朗吉放马的时候，没有察觉，不小心连人带马栽了进去。茨漾像以前一样赶着牦牛，前去寻找心爱的情郎。她找了很久，也没找到，不由得慌了手脚，担心朗吉出了什么事情。就在茨漾心急如焚的时候，她听到一个熟悉的声音传来，那是她心爱的朗吉在求救。

茨漾立刻奔上前去。

朗吉见到茨漾，惊喜交加，他告诉茨漾自己的腿摔断了，还被主人赶了出来。茨漾并不介意，她把朗吉扶上牦牛背，驮回家中，找来治疗跌打损伤的草药给朗吉服用，可是总是没有见效。

一天，茨漾翻过雪山，来到拉姆拉措湖边。当她想起朗吉，不禁悲伤起来，眼泪滴落在湖水里。突然，神奇的事情出现了，本来平静的湖水慢慢荡漾起波纹，在眼泪滴落的地方，出现一朵雪白的莲花，花蕊中长着一根像虫子又像草一样的东西。这时湖底传来女神的声音："孩子，别怕，每年冰雪消融的时候，你可以到山中采挖此药，给你的母亲还有朗吉服用，一切都会好起来的。"茨漾记住女神的话，双手捧着莲花上的神药回到家中。朗吉服用后，果然好了起来。

第二年，茨漾再次去山上挖来此物给母亲服用，她的母亲惊喜地发现自己重见光明，顿时喜极而泣。

茨漾在莲花上采摘的神药就是冬虫夏草，它属于比较独特的生物。

多样性是生物的特点，同时，生物又具有很多共同的属性和特征，有着共同的物质基础，遵循着共同的基本规律，构成了一个统一而又有着惊人多样性的物质世界。

首先，构成生物体的生物大分子，结构和功能在原则上是相同的，基本代谢途径相同，代谢中所需要的酶基本相同，都以 ATP 的形式传递能量，具有生物化学的同一性，这就使生物具有了统一性。

其次，所有生物都是由相同的基本单位——细胞构成的，除了病毒以外，原核生物和真核生物的细胞都是一样的。同时，结构单位基本相同，都有组织、器官、器官系统、个体；都属于种群、群落、生态系统和生物圈等等。

第三，由大量分子和原子组成的生物系统，其代谢历程和空间结构都是有序的。同时，系统内部的增加和减少又导致系统的随机性和无序性，生物正是依赖新陈代谢的这种能量耗散过程得以产生和维持。所以，有序性和耗散结构构成了生物的又一共性。

第四，生物体内的生物化学成分、代谢速率等都趋向于稳态水平，一个生物群落和生态系统，一般也处于相对稳定状态，这说明生物对体内的各种生命过程都有良好的调节能力，透过自我调节保持自身的稳定性。

第五，遗传是生命的基本属性之一，它们透过繁殖来实现生命的延续，这使得生物的生命都具有连续性。

第六，所有的生物都有个体成长史和进化史，有一个从单个生殖细胞到成熟个体的成长过程，并参与种系进化当中，进而构成生物自然谱系的一部分。

澳大利亚人智斗兔灾却无法摆脱自然选择的命运

自然选择包括四个方面的内容，即过度繁殖、生存竞争、遗传和变异、适者生存。适应环境的生物就能生存下来，不适应环境的生物就会被淘汰，这是适者生存的原则。达尔文把生存竞争中，适者生存、不适者被淘汰的过程，定义为自然选择过程。

1859年，澳大利亚农场主人汤姆斯·奥斯汀曾经这样写道，“农场里引入一些兔子，根本不会带来害处，甚至还可以为人们提供一个打猎的机会。”不久后，他就将12只欧洲野兔放到了野外。澳大利亚没有老鹰，没有狐狸，到处都是肥美的绿草，这些欧洲野兔像生活在天堂一样，不受限制地繁殖起来。

到了1907年，在澳大利亚的草原上到处都可以找到野兔的踪迹。这些兔子与牛羊争夺牧草，还在草原上到处挖洞筑穴，毁坏了牧草的根，造成草场的大面积退化，并严重威胁畜牧业的发展，使牧民遭受巨大的损失。他们开始对兔子进行限制，但任何办法都用尽了，也没有什么效果。

澳大利亚政府听从生物学家的提议，决定利用生物控制方法来消灭兔子。他们从美洲引进一种靠蚊子传播的病毒，这些病毒能在兔子体内产生黏液瘤，进而造成兔群大量死亡，但这种病毒对人类和其他的动物是无害的。澳大利亚引进该病毒后，收到了很好的效果。

一位进化论学者拿这件事做讨论案例，他说：“若干年后，这些兔子将会免疫该病毒，进而会导致一场新的兔群灾难。”因为剩下0.1%的兔子将会对病毒产生免疫，经过一代又一代的选择，它们的抵抗力会越来越强，最后就会形成兔群数量回升，造成新的灾难。

事实上也是如此，兔子数量经过遽减后，以后每年逐渐回升，死亡率越来越低。

澳大利亚人和兔子的抗争揭示了自然选择的重要性。“自然选择”这个概念出自达尔文的《物种起源》，也被称做“自然淘汰”，它是导致种群在遗传特性上总是趋于相异特性的重要因素之一。

自然选择包括四个方面的内容，即过度繁殖、生存竞争、遗传和变异、适者生

存。地球上各种生物都具有很强的繁殖力,但生物的数量在一定的时期内会保持相对稳定的状态,这是生存竞争所导致的,当生存的环境发生变化时,生物就会发生变异,最终获得生存下去的机会。

适应环境的生物就能生存下来,不适应环境的生物就会被淘汰,这是适者生存的原则。达尔文把生存竞争中,适者生存、不适者被淘汰的过程,定义为自然选择过程。这个过程是一个长期的、缓慢的、连续的选择过程,由于生存竞争不断地进行,因而自然选择也是不断地进行,透过一代代的生存环境的选择作用,物种变异被定位地向着一个方向累积,于是性状逐渐和原来的祖先不同了,这样,新的物种就形成了。由于生物所处环境的多样性,导致生物适应环境的手法也会多种多样,经过自然选择,生物界的生物多样性自然而然就形成了。

按照达尔文的意见,自然选择不过是生物与自然环境相互作用的结果。从进化的观点看,能生存下来的个体不一定就是最适者,只有生存下来并留下众多后代的个体才是最适者;又考虑到进化是群体而不是个体的现象,现代综合进化论从群体遗传学的角度修正了达尔文的看法,认为自然选择是群体中"不同基因型的有差异的(区分性的)延续",是群体中增加了适应性较强的基因型频率的过程。

小知识

詹姆斯·沃森(1928年—),美国生物学家。1953年4月25日,年仅25岁的沃森与合作伙伴克里克在《自然》杂志上发表了仅两页的论文,提出了DNA的双螺旋结构和自我复制机制。1962年,沃森和克里克因提出脱氧核糖核酸DNA的双螺旋模型而获得诺贝尔生理学或医学奖。

还要不要黑玫瑰的疑问
问出生命科学中的变异作用

所有生物都具有产生变异的特性，一般情况下，变异有两种，即可遗传变异和不可遗传变异。在生物产生变异的过程中，哪些变异能够遗传，取决于适者生存的法则。有利于生物自身生存的变异，就会遗传下去。

有一位老太太异常钟爱玫瑰花，家里到处摆放着娇艳的玫瑰花，有粉色的、红色的、白色的，唯独没有黑色的。老太太非常渴望能培育出黑色的玫瑰。老太太的儿子是大学植物学科的教授，他拿出证据来说服母亲："妈妈，你要知道，花瓣中有一种叫做花青素的物质，它遇见酸类会显示出红色，遇见碱类会变成蓝色。花朵的颜色与花瓣内含有的这种物质有关，即使你能够培育出黑色的玫瑰，它在自然界中的存活率也不高。原因是黑色的花能够吸收到阳光中的全部光波，在阳光下升温很快，花的组织很容易受到伤害。"

可是老太太并没有放弃尝试，她在各种颜色的玫瑰花中，找出颜色比较深的花朵，将它们裁剪下来，嫁接到另外一株玫瑰上。并且在空闲之余拿起儿子植物学方面的书籍阅读，希望能从中找到改良的方法。遗憾的是，她并没有找到。

在以后的日子里，老太太将嫁接的花朵进行分类，颜色深的花，她保留下来，嫁接到同样颜色较深的花枝上，同时还帮深色的玫瑰进行人工授粉。老太太透过嫁接，不断淘汰一些颜色较浅的花朵，在花朵凋谢的时候，采集它们的种子，在温室里培养新的玫瑰。如此周而复始，老太太花了20年的时间，在她80岁高龄时，终于培养出黑色的玫瑰花，只是花的颜色比较偏向于紫黑色。

日常生活中，我们经常看到的是红、黄、橙、白等色的花，这是由于这些花能够反射阳光中含热量较多的红、橙、黄三色光波，避免其灼伤娇嫩的花朵，是植物的一种自我保护作用。而黑色的花则没有这种本领，因此在长期的进化过程中它们逐渐被淘汰。如果有一朵玫瑰是黑色的，那么这朵玫瑰一定是发生了变异。

所谓变异，是指生物体子代与亲代之间的差异、子代个体之间的差异的现象。所有生物都具有产生变异的特性，一般情况下，变异有两种，即可遗传变异和不可遗传变异。可遗传变异是由遗传物质决定的，能够遗传给后代；不可遗传变异是由外界环境变化引起的，遗传物质没有发生变化，不会遗传给后代。例如，人类的色盲会遗传，而皮肤颜色因为曝晒变黑则不会遗传。

现代遗传学显示，不可遗传变异与进化无关，与进化有关的是可遗传变异，前者是由于环境变化而造成，不会遗传给后代，如由于水肥不足而造成的植株瘦弱矮小；后一变异是由于遗传物质的改变所致，其方法有突变（包括基因突变和染色体变异）与基因重组。

在生物发生变异的过程中，哪些变异能够遗传，取决于适者生存的法则。有利于生物自身生存的变异，就会遗传下去。

生物在繁衍过程中，不断产生各种有利变异，这对于生物的进化具有重要的意义。我们知道，地球上的环境是复杂多样、不断变化的。生物如果不能产生变异，就不能适应不断变化的环境。如果没有可遗传的变异，就不会产生新的生物类型，生物就不能由简单到复杂、由低等到高等进化。由此可知，变异为生物进化提供了原始材料。

小知识

安德烈·维萨里（1514 年—1564 年），比利时解剖学家，人体解剖学的奠定人，现代医学的创始人之一。他的最主要贡献是在 1543 年发表了《人体构造》一书，该书总结了当时解剖学的成就，为血液循环的发现开辟了道路。

生物学家在玉米中发现会跳舞的基因

一切生命现象都与基因有关，基因是具有遗传效应的DNA分子的片段，是DNA分子上那些具有遗传讯息的特定核苷酸序列的总称，DNA即脱氧核糖核酸分子。基因通过复制，把遗传讯息遗传给后代，使后代与亲代的性状具有相似性。

一般来说，玉米的颜色基本上都是淡黄色的，可是在野生的玉米当中，也有不同的颜色，比如有蓝色的、咖啡色的或者是紫红色的，这是什么原因呢？原来玉米的颜色取决于玉米胚乳上面糊粉层的色素，胚乳是由两个卵核与一个精核受精组成的，它是玉米在幼苗期的营养来源，而糊粉层的色素受玉米基因的控制。我们不难想象，一个玉米穗棒上会出现不同的颜色，这个现象可以用孟德尔遗传定律来加以说明和解释。

可是还有另外一种现象，那就是在一个玉米棒的一颗玉米粒上会出现不同颜色的斑点，比如颜色浅的籽粒上会有深色的斑点，或者深色的玉米粒上会有浅色的斑点，这是什么原因呢？带着这个疑问，麦克林托克开始对这一领域进行了深层的探索与研究。在酷热的夏天，她穿着特制的带有很多口袋的工作服穿梭于玉米丛中，从玉米的幼苗期开始，仔细观察籽粒上面的斑点。她发现，在玉米细胞核的九号染色体上，有一个特定的位置，经常发生断裂进而带来一系列表现形式上的变化。

这种断裂直接影响着基因与胚乳的色素、形状、性质，如果以自粉植株的手法再次种下这种九号染色体带有断裂的玉米，那么所长出的新籽粒的染色体依然会在相同的地方发生断裂，并且在整个细胞核里面像游丝一般飘荡着无数个丝粒片段。这种断裂造成显性基因缺失，而使同性的隐性基因得到充分的表达，这也就是籽粒上面斑点形成的原因。

当麦克林托克把这个断裂的染色体命名为Ds因子，并准备把它精确定位的时候，却发现这个Ds因子竟然是不稳定的，它像一个舞蹈家一样会从染色体的一个位置跳到另一个位置上去。这种现象在生物学上被称为“转座”。

基因是生命的密码，把遗传信息通过纪录和传递带给后代，生物体的出生、成长、生病、衰老和死亡等一切生命的现象，都与基因有着密不可分的关系。人类大约有几万个遗传基因，储存着生命整个过程的所有信息，并通过复制、表达和修复一系列过程，进而完成生命繁衍、细胞分裂和蛋白质合成等重要的生理活动，是决定人类生命形式的内在因素。

基因有两个非常突出的特点，忠实地复制自己以保持生物的基本特征是它的第一个特点，第二个特点是基因能够发生突变，基因突变，大多会导致生物机体疾病，只有一小部分突变是非致病的。自然选择的原始材料就是非致病突变，这种突变使生物在自然选择的过程中，能够选择出最适合自然环境的个体，并遗传下去，形成物种新的特性。

人们对基因的认识是不断发展的。19 世纪 60 年代，遗传学家孟德尔就提出了生物的性状是由遗传因子控制的观点，但这仅仅是一种逻辑推理的产物。20 世纪初期，遗传学家摩尔根透过果蝇的遗传实验，认识到基因存在于染色体上，并且在染色体上是呈线性排列，进而得出染色体是基因载体的结论。20 世纪 50 年代以后，随着分子遗传学的发展，尤其是沃森和克里克提出双螺旋结构以后，人们才真正认识了基因的本质，即基因是具有遗传效应的 DNA 片段。

在两倍体的细胞或者个体中，一个染色体组往往包含一整套基因，基因在染色体的位置被称为座位，每个基因都有自己特定的座位，根据座位的不同，分为野生基因和突变型基因。属于同一个染色体的基因构成一个连锁群，进而构成主导生命的基因组。

小知识

麦克林托克（1902 年—1992 年），美国女遗传学家。她终身从事玉米细胞遗传学方面的研究，由于提出了“移动的控制基因学说”，于 1983 年获诺贝尔生理学或医学奖。

踩着巨人脚印受孕而生的伏羲挑战受精概念

精子和卵子融合为一个合子的过程，就是受精。受精的目的是由合子发育成具有双亲遗传性的一个新个体，是有性生殖的一个基本特征和中心环节，普遍存在于动物界和植物界，是生命繁殖的重要方式。

华胥国有个漂亮的姑娘叫华胥氏，有一天，她到一处风景优美的地方游玩，那里花草芬芳，蝴蝶翩翩飞舞，小鸟愉快地歌唱，可是美丽的姑娘却对一条河流产生了兴趣。她心血来潮，沿着河流上方走，想看一看河流的尽头到底藏着什么美丽的景色。

在寻找河流源头的路上，她偶然看到不远处有个巨大的脚印，她跑近前去，在巨大的脚印旁仔细观看。面对如此巨大的脚印，她还从来没有见过，为此，华胥氏感到非常好奇，还跳到上面，用自己的脚仔细丈量着，心里有一种说不出的开心和快乐。

姑娘回到家后不久，发现自己竟然怀孕了，真是又惊又喜又害怕。十个月后，在三月十八日那天，姑娘生下一个男孩，这个男孩生下来，并不知道自己的父亲是谁。

原来，姑娘去的地方是雷泽，雷泽中巨大的脚印是雷神留下的，他和女娲、盘古一样是人头蛇身的神灵。《山海经·海内东经》中记载着这样一句话："雷泽中有雷神，龙身而人头，鼓其腹。"因此，姑娘生下的孩子是"龙身人头"的"龙种"。姑娘给孩子取名叫伏羲，这便是中华民族的人文始祖。

"华胥生男为伏羲，女子为女娲。"伏羲和女娲由兄妹结合为夫妻之说正是来自于此。

伏羲的出生只是个传说，人类的受孕，都是通过受精来完成的。精子和卵子融合为一个合子的过程，就是受精。受精的目的是由合子发育成具有双亲遗传性的一个新个体，它是有性生殖的一个基本特征和中心环节，普遍存在于动物界和植物界，是生命繁殖的重要方式。

动物受精包括三个阶段，卵子启动、调整和两性原核融合。启动是个体发育的起点，表现为卵子膜改变其通透性，外排皮子颗粒，形成受精膜的过程。启动之后，为确保受精卵正常分裂，卵内先行发生的变化，称之为调整。最后是两性原核融合，融合的目的是为了保证双亲的遗传作用，恢复双倍体，合成胚胎发育所需的蛋白质。

动物受精如果雌雄异体，分为体内受精和体外受精两种，哺乳动物、鸟类、爬行动物、昆虫等，多数采用体内受精方式，鱼类和部分两栖类动物，采用体外受精。另外，雌雄异体的叫异体受精，雌雄同体的叫自体受精。

植物受精方式有三种，包括同配生殖、异配生殖和卵式生殖。只有藻类和菌类有同配生殖和异配生殖现象，而卵式生殖方式，植物界比较常见，从低等的藻类、真菌，到种子植物，都有卵式生殖。

无论是动物还是植物，通过受精所产生的子代，既有亲代遗传的特性，同时还会有个体的特异性，为此，受精的意义不仅表现在维持物种的延续上，在生物的进化上，同样具有重要的意义。

伏羲和女娲画像

小知识

罗伯特·科赫（1943 年—1910 年），德国微生物学家，世界病原细菌学的奠定人和开拓者。

他发明使用固体培养基的“细菌纯培养法”，科学地证明结核杆菌是结核病的病原菌，并于 1905 年获得诺贝尔生理学或医学奖。

遭牛顿封杀者的手稿重现天日 唤醒人们回顾细胞的发现

在科学史上，植物细胞是最先被发现的。植物细胞的发现要得益于显微镜的发明，在发现植物细胞的过程中，人们首先观察到的是组成植物细胞壁的纤维素。血球的发现是对动物细胞研究的一个巨大的成就，并由此发现，生命有机体的结构和功能单位都是细胞。

一部被深藏了半个世纪的手稿因为一个偶然的机会得以重见天日，这是一卷长达520页的手稿，它的作者是有“英国最著名的职业科学家”之称的罗伯特·胡克。罗伯特·胡克曾在“平方反比关系”优先权的争夺中得罪了牛顿，在他死后不久，牛顿就当上了英国皇家学会的主席。随后，英国皇家学会中的胡克实验室和胡克图书馆就被解散，胡克的所有研究成果、研究资料和实验器材或被分散或被销毁，没多久，这些属于胡克的东西就全都消失了。

其实这部书稿只是放在一户普通人家的橱柜里，也没有被当做珍品而精心保养。主人是一个小小的收藏家，一次他想要清理一下家里的陈年旧货，看看有什么值钱的东西，就请来了伯罕斯拍卖行的工作人员上门来为其鉴别。等所有的东西都鉴别完毕以后，主人突然想起橱柜里还有一卷旧书稿，因为时间久远或许还能值几个钱，于是就抱着试试看的态度拿了出来。

这是一卷蒙着一层厚厚尘土且发黄的书稿，拍卖行的手稿鉴别专家菲利克斯·珀瑞尔翻开书页，映入眼帘的是“尊敬的皇家学会主席克里史托夫·雷恩爵士主持会议”的字样，再翻下去，又出现了一连串科学家的名字：雷恩、莱布尼茨、奥布里、伊夫林、牛顿。经验丰富的拍卖行收藏专家顿时觉得这恐怕不是一件普通的书稿，他带回去以后召集了很多专家进行鉴定，最后惊奇地发现，这竟然是英国17世纪著名的科学家罗伯特·胡克的亲笔书稿。

这一重大的收获简直是不可思议，因为这本书稿里记载的是皇家所有的关于当时科技发展的详细的会议记录。这里面不仅包括当时天才科学家们的设想和实验结果，而且还非常全面地说明和批注了他们的科学实验的过程，比如伊萨克·牛顿率先发现一颗彗星的椭圆形轨道，克里斯蒂安·惠更斯怎样发明摆钟，甚至里面还有一份文件记录了胡克与牛顿、雷恩往来信件的内容。在这封书信里，他们详细商讨了用哪些具体的办法来证明地球自转这个科学理论。

罗伯特·胡克制作的显微镜

这本珍贵的书稿在最近的拍卖会上，被伯罕斯拍卖行定价为一百万英镑，可是这本发黄的旧书稿并没有等到公开拍卖，就被英国皇家学会以不为人知的高价买走了。英国皇家学会并不是收藏专家，也不是有钱的大佬，他们甚至为了买这本书而四处借贷，他们的行为表明了对现代科学起源的高度重视。

人类自诞生以来就依靠着自己的肉眼来观察复杂的世界，当然人类肉眼能够看到的物体都是有一定的限度的。按照科学的检测，人眼能够看到的物体极限只有0.1 mm。后来有的学者发现装有水的水晶器皿可以放大字母，接着瑞士的一位博物学家用放大镜描述了蜗牛壳和原生动物。然后人们就开始慢慢地了解到细胞以及细胞的结构。

对于生物学上的细胞研究已经有很久远的历史了，但是植物细胞却是生物学家们首先研究的对象。植物细胞的发现要得益于显微镜的发明，生物学家们对于植物的研究也是从简单到复杂的，而纤维素组成的植物细胞壁被认为是最容易研究的，因此它成了植物细胞研究中最先被研究的内容。对于细胞壁的研究生物学家们都有自己的见解，但是比较统一的说法就是细胞壁不是植物细胞周边的厚壁，因而也就不可能把细胞视为植物形态学上的结构单位。后来学者们又证明细胞之间是不相通的。

植物细胞发现之后接着就是动物细胞的发现，血球的发现是对动物细胞研究的一个巨大的成就。在动物的血液中红色的血球和白色的血球都是一种游动性的细胞，而这种游动着的细胞在显微镜下又比较容易被观察到，因此在动物细胞的研究中血球成为最先被研究的对象。接下来就是对动物细胞中其他类型的研究，研究动物细胞的共性尤其需要对动物细胞里更多种类型的研究，需要解决更多的问题。

再后来就是细胞核和细胞质的发现。这样，对于整个的细胞学说的形成就奠定了基础。细胞的发现大大开拓了人类的眼界，生物产生、成长和构造的秘密也因此被揭开了。

不断长高的豆苗 印证生物的螺旋结构

生物大分子是典型的螺旋结构代表，其中包括我们所熟知的遗传物质DNA、蛋白质、纤维素等等。自然界最普遍的一种形状是螺旋结构，这种构造是许多生物细胞所普遍采用的微型结构。

从前，有个叫杰克的穷小子，他的母亲嘱咐他把自家最后一头乳牛卖掉。杰克在卖牛的路上碰见了一位老人，老人用一些神奇的豆子换走杰克的乳牛。天真而单纯的杰克十分相信老人的话，认为这些豆子真的会长到天空那样高。当他高高兴兴地回家后，却被母亲大骂了一顿："一头大乳牛，你才换一些小豆子，简直太愚蠢了！"并且在一气之下，把豆子抛向窗外。

第二天早晨，杰克看到窗外突然出现一棵巨大的豆子树，他急忙和妈妈一起出去观看。

杰克爬上豆子树，想看看它长了多高。他顺着豆子树不断往上爬，爬了好久才爬到云端。他正要找个地方休息，突然看到不远处有一座非常漂亮的城堡。杰克放弃休息，沿着小路朝城堡跑去。他看到城堡门口站在一位高大的妇人，就上前去说道："尊敬的夫人，能给我一点东西吃吗？我肚子好饿啊！"

"可怜的孩子，跟我来吧！"妇人将杰克带到城堡内的厨房中，嘱咐杰克说："你快点吃，万一我先生回来看到你，会吃掉你的。"

正在这个时候，门口传来"咚咚咚"的脚步声，妇人惊慌地说："我先生回来了，快，你快躲起来，他发现了会吃掉你的。"

妇人将杰克藏进锅里，巨人进来后发现好像有人来过，就用鼻子四处闻了闻，闻了半天毫无收获，于是他吃了两头小牛，并从袋子里掏出金币，放在桌子上数着，不知不觉睡着了。藏在锅里的杰克偷偷爬了出来，他悄悄地跑到巨人身边，抱着一袋金币，顺着豆子树滑了下去。

金币总有用完的一天，胆大的杰克又一次爬上豆子树，前往巨人城堡中寻找宝物，这次他偷取了坏蛋巨人最喜欢的金鸡蛋。

过了不久，杰克第三次来到巨人城堡，他看到一把非常漂亮的竖琴放在桌子上，神奇的是，竖琴能够自动发出悦耳的音乐。杰克看到后非常喜欢，等巨人熟睡时，他悄悄地把竖琴拿走了。

"糟了，糟了！"竖琴突然叫了起来。

杰克回头一看，发现巨人正向这边追来，他紧紧抱着竖琴，从豆子树上滑了下来。随后，杰克找来一把斧头，将豆子树的根砍断，正在顺着豆子树往下爬的巨人从半空掉了下来，当场摔死了。

人类的许多设计似乎都偏好于一些笔直的线条，但科学家们研究发现，大自然更倾向于螺旋状的卷曲结构。生物大分子是典型的螺旋结构代表，其中包括我们所熟知的遗传物质 DNA、蛋白质、淀粉、纤维素等等。决定生命形态的 DNA 中最重要的结构就是双螺旋结构，但这并不是一成不变的，有时候一条 DNA 链可以折叠回去，形成三螺旋甚至是 N 螺旋结构。蛋白质的螺旋结构不同于 DNA，氨基酸经脱水组成的单链螺旋组成了蛋白质中的螺旋的基本结构，因为蛋白质的末端比较不受束缚，所以形成的螺旋结构也是十分多样的，其中就包括三圈螺旋或者是更多个圈的螺旋结构。人类作为一种高级的动物，其体内的蛋白是螺旋和折叠结构复合在一起的结构。

除了生物大分子之外，螺旋生物体也是螺旋结构的重要表现形式，我们熟悉的螺旋藻就是这样的一种生物。它是地球上最早出现的光合生物，这种生物体名字的由来就是由于其形体在显微镜下观察时呈螺旋状。

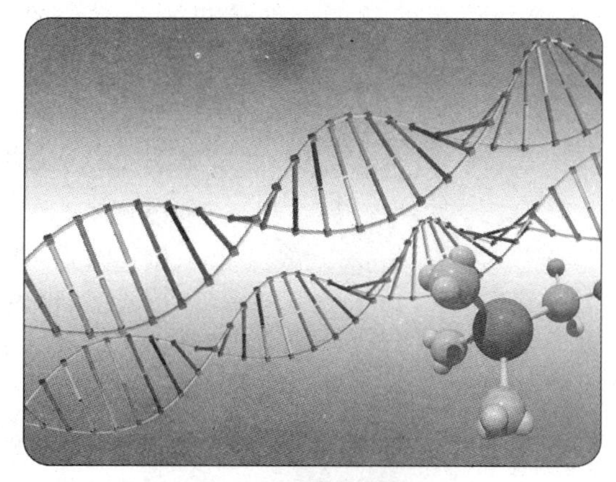

DNA 双螺旋结构

还有一些在人类体内寄居的各种菌类有的也是呈螺旋状，例如，寄居在胃里的幽门螺旋杆菌就是一种典型的螺旋状的生物体。有些生物还可以利用螺旋状结构来实现自身的功能，例如水黾，这种在海上生活的生物体就是因为它腿部特殊的螺旋结构才能保证在水上正常的生活。

自然界最普遍的一种形状是螺旋结构，这种构造是许多生物细胞所普遍采用的微型结构。这种构造方式是有其原因的，螺旋状的结构在生物体中是十分有利的一种结构，因为在生物体中有的分子链会比较长，如果不是螺旋状结构的话，这个分子链就极容易断裂。目前，对于分子螺旋状的研究已经取得了很大的成就，但是还有很多未知的问题需要生物学家们进一步深入的研究和努力。

神农尝百草只不过品尝到生命科学研究对象的一部分

生物大致上可以分为五个种类:原核生物界、原生生物界、植物界、真菌界以及动物界。其分类标准就是根据生物的发展、基本形态结构以及各自在生态系统中所引发的作用等。

神农生活的时代,人们吃东西都是生吞活剥,还不知道用火烤或者用水煮,也就是说,那时候的人们还不会“做饭”。由于生吃生食,不少人因此患了病。神农天生有个水晶般透明的肚子,人们可以清清楚楚地看到他的肠胃。为了给人治病,他经常到深山野岭去采集草药,不仅要走很多路,而且还要对采集的草药亲口尝试,体会、鉴别草药的功能。他透过观看植物在肚子里的变化,判断哪些有毒哪些没毒。

神农尝百草

有一天,神农在采药中尝到了一种有毒的草,感到口干舌麻,头晕目眩,他赶紧找一棵大树背靠着坐下,闭目休息。这时一阵风吹来,树上落下几片绿油油的带着清香的叶子,神农随后捡了两片放在嘴里咀嚼,顿时一阵清香扑鼻而来。他低下头看了看透明的肚子,发现绿色的叶子在肚子里四处流动,好像在检查着什么,不一会儿他就感觉到身体一阵舒畅,刚才的不适一扫而空。于是,神农把这种绿叶称为“查”,这也是“茶”的由来。

神农跋山涉水,尝遍百草,每天都中毒几次,全靠“查”来解救。一次,神农见到一朵开着黄色花朵的小草,花萼不时地张开和闭合,神农对它产生了极大的兴趣,于是好奇地摘下叶子放进嘴里品尝。他感觉这种植物清淡无味，好像没有什么毒性，谁知刚走几步，肚子里的肠子便一节一节地断掉了，原来那开着黄色花朵的小草是断肠草。

正是因为神农尝百草的行动，才使人们了解到哪些植物对人有毒，哪些可以作为中药为人们治病。神农是为了拯救人们而牺牲的，人们称他为“药王菩萨”，永远纪念他。

当年神农尝了几百种草药，然而他所尝的百草只不过是生命科学研究对象的一小部分而已。地球上现存的生物估计有 200 万～450 万种，而已经灭绝的生物种类会更多。

现在我们所了解的生物是有很多的种类的，这些生物在生态系统中都发挥着各自重要的作用。生物大致上可以分为五个种类：原核生物界、原生生物界、植物界、真菌界以及动物界，其分类标准就是根据生物的发展、基本形态结构以及各自在生态系统中所发挥的作用等。

其中真核生物的典型代表就是植物，植物以光合作用为主要的营养方式，是生态系统的生产者，也是地球上人类赖以生存的氧气的重要来源。真菌作为生态系统中的分解者也是一种真核生物。作为生态系统中的消费者的动物也是一种高级的真核生物。

大自然中的生物体无以胜数，当年神农尝的百草固然增加了人们对生物学的认识，但是更深入的生物学研究还需要人类继续努力。

小知识

杜尔贝科(1914 年—2012 年)，意大利出生的美国病毒学家。他倡导向细胞内注入已知功能的单个病毒基因而不注入完整病毒的技术，以研究因此而发生的化学变化。这项技术的成果使他获得了 1975 年诺贝尔生理学或医学奖。

酒神惩罚贪婪的国王
告诉我们生物与非生物之间的区别

生物体的基本组成物质都会包含蛋白质和核酸，都具有新陈代谢这种重要的功能。在生物体的应激性上，生物体得以适应外界环境的一个重要的原因就是能够对外界所产生的刺激做出一定的应激反应来。同时，生物体都具有延续后代的本领。

一天，酒神狄俄尼索斯带着他的随从——西勒诺斯，在特莫洛斯山脉那些四周爬满葡萄藤的山丘上散步。大家一路上说说笑笑，走着走着，西勒诺斯却因为不胜酒力躺倒在葡萄藤下睡着了。

不久，佛律癸亚的农民发现了西勒诺斯，这些人给他戴上用桂树枝编的花环，送到国王弥达斯的王宫中。弥达斯早就想结识西勒诺斯，他派人四处寻找酒神的随从都未果。这一次，西勒诺斯终于落到自己的手中，他迫不及待地问道："请你告诉我，对人类来说，什么才是最好最妙的东西？"西勒诺斯木然呆立，一声不吭。最后，在弥达斯强逼下，他突然发出刺耳的笑声，说道："可怜的浮生啊！无常与苦难之子，你为什么逼我说出你不想听的话呢？最好的东西就是不要降生，不要存在，成为虚无。可是你根本得不到！不过，对于你还有次好的东西——立刻就死。"弥达斯心里一惊，虽然弄不明白语中的玄机，但还是虔敬地接待了他十天十夜。

在第十一天的早上，酒神狄俄尼索斯找上了门来。为了感谢弥达斯对自己老朋友的热情招待，狄俄尼索斯决定满足他一个愿望。

弥达斯说："我想让自己所接触到的东西都变成闪闪发光的金子，不知这个愿望能不能实现？"

酒神听了之后，遗憾地摇着头说："虽然这是一个荒唐的请求，不过我还是会满足你的。"

弥达斯得到酒神的馈赠之后，立刻来到宫门外折下一根橡树枝来做试验，奇迹发生了，橡树枝果然变成了金子。

弥达斯欣喜若狂地返回王宫，手指刚一碰到宫门，宫门就变成了金子。回到寝宫，换衣服，衣服变成金子；洗手，水盆变成金子；饿了，拿起叉勺，抓起面包，都变成

弥达斯向酒神提出自己的愿望

了金子;最令他绝望的是,他一不小心用手指碰触了一下自己的女儿,没想到爱女也变成了金子。

直到现在,弥达斯才明白他祈求得到的财富是多么可怕。他后悔极了,大声诅咒自己愚蠢,并绝望地抓起了自己的头发,可是头发也变成了金子。弥达斯万分惊恐地举起双手朝天祈祷起来:“哦,伟大的神啊!请宽恕我的无知吧!”

这时,酒神狄俄尼索斯来到他的面前,答应解除魔法。他说:“人不可贪婪,到帕克托罗斯清泉去吧!在那里,你将头发用泉水洗三次,这样你就可以把自己的罪孽洗干净了。”

弥达斯按照狄俄尼索斯的指令去做,身上的魔法果然离开了他,但是造金的力量也转移到了河流里,使这条河流布满了细小的金粒。

大自然中的生物体是有自己的特征、属性和规律的,它和非生物之间有着本质的差别。

首先,生物体的基本组成物质都会包含蛋白质和核酸,核酸在生长、遗传、变异等一系列重大生命现象中有着决定性的作用,而蛋白质是生物体生命活动的基本保障物质,这些都是生物体共同的物质和结构基础,基本单位就是细胞。

其次,生物体具有新陈代谢这一重要的功能。新陈代谢是生物体区别于非生物体的一个重要的方面,生物体透过新陈代谢的作用进行一种特殊的化学反应,在这种化学反应的作用下,生物体能够实现对自身的不断更新,就这一点来看,所有的生命活动都是以新陈代谢为基础的。

第三，表现在生物体的应激性上。生物体得以适应外界环境的一个重要的原因就是能够对外界产生的刺激做出一定的应激反应来。

第四，生物体有延续后代的本领。毫无疑问，生物的生长和发育保证了生物种族的延续。

第五，生物体会透过遗传和变异来进化或者说是保证物种的生存。遗传是对上一代特性的继承，保持了物种的稳定性，而变异则能够实现物种的进化，进而能够产生新的品种。

生物世界是一个统一的自然体系，各种生物追根究底都来自一个最原始的生命类型。也可以理解为生物不仅有一个复杂的纵深层次，它还具有个体发育历史和种系进化历史。尽管生物世界存在惊人的多样性，但是生物体还是有它们共同的结构基础和生存规律的。

小知识

王庆让，台湾大学动物学系图书馆管理员，兼任副教授，已退休。

1955 年毕业于台湾大学动物学系，在大学时期利用日本学者采集的大量蛇类标本，开始从事爬虫类的分类研究，并将研究写成毕业论文，是第一篇台湾人自行研究发表的爬虫类相关论文，在台湾蛇类分类上占有重要的地位。1956 年在台大动物系担任系图管理员。

1978 年与当时系主任梁润生教授共同发表新种台北树蛙，根据采集自台北县(包括木栅、石碇和树林)之成蛙和蝌蚪共同发表命名，而为纪念发现地台北县而得其学名及中文名。另外面天树蛙则是他和日本学者联合发表的新种，这两种树蛙的模式标本都存放在台大动物系标本馆。

煮沸的肉汤
揭开微生物的神秘世界

微生物是一切肉眼看不见或看不清的微小生物的总称。微生物的种类十分丰富，分为原核类、真核类和非细胞类。细菌就属于原核类的微生物，真菌、原生动物和显微藻类属于真核类，而病毒和亚病毒属于非细胞类。

生物界的“自发发生说”得到了很多人的认可，他们都认为在一定的环境下，溶液里是会有微生物长出来的。虽然后来的试验证明微生物不是凭空而来，它是跟随空气一起进入到瓶中的，但是这个说法依然改变不了这些人已经形成的固有看法，英国显微镜学家、天主教神父尼达姆同样也是“自发发生说”的支持者，他甚至相信浸泡在水里的麦芽也同样能够产生蠕动的微生物。

为了论证“自发发生说”，他做了一个实验，在实验室准备了一个容器，里面是肉汤，然后把肉汤煮沸冷却，几天以后，无论盛肉汤的容器有没有被封闭，里面都会有微生物产生，这也就是说，生命在这种外界无法侵入的状态下依然可以自主发生。这个实验也证明“自发发生说”是有其充分理论根据的。在1748年，尼达姆发表了实验结果，声称无论何种物质，它本身都是具有活力的，不需要外界的导入。

对于尼达姆的实验结果，意大利的修道士斯巴兰扎尼却提出了疑义，他认为尼达姆把肉汤煮熟以后再封口的做法是错误的，根本无法禁止微生物进入容器的作用，正确的方法应该是首先将容器封闭，然后再加热，并且在煮沸的时间上也做了调整。这次斯巴兰扎尼将煮沸的时间延长到半个小时或者四十五分钟后，不同的实验结果便出来了，经过这样的处理，肉汤里再也不会有生命出现。一段时间以后，斯巴兰扎尼开启封闭的容器，没过多久，容器里便有微生物长出来了。

这两个实验到底谁的更有说服力呢？后来很多人都重复了斯巴兰扎尼的实验，其结果五花八门，有的与尼达姆一致，有的却发现斯巴兰扎尼的实验存在问题，认为他煮沸的时间太长了，使容器里面的空气失去了刺激新生物生长的能力，所以才导致微生物无法生出。

这种争论一直持续了很多年，不过他们在这场实验中还有另外一种收获，那就

是封闭以后再煮沸的肉汤是没有微生物生长的，这给食物制造者带来了很大的启发。法国厨师阿珀特应用斯巴兰扎尼的技术来贮藏食物，他把食物放在干净的瓶中，密封加热到水的沸点，罐头的保鲜技术便因此应运而生。

微生物的种类十分丰富，按照现在生物学家们比较认同的划分方法，可以把微生物划分为原核类、真核类和非细胞类。我们熟悉的细菌就属于原核类的微生物，真菌、原生动物和显微藻类属于真核类，而病毒和亚病毒属于非细胞类。这些种类繁多的微生物都是微生物学的研究对象。

很久以来，人们就已经开始接触到微生物并且加以利用了，但是当时的人们却没有对微生物有一个系统而又全面的认识。例如，酿酒这个在中国有四千多年历史的技术就是得益于微生物，北魏贾思勰所著的《齐民要术》中还记载了谷物制曲、酿酒、制酱、造醋和腌菜等方法。人们真正认识到微生物的存在是在17世纪，荷兰人列文虎克用自制的简单显微镜观察了牙垢、雨水、井水和植物，发现其中有许多运动着的“微小动物”，并用文字和图画把它们记载了下来，这就是对微生物最早的科学描述。

在现实生活中，微生物无处不在，而且很大一部分微生物对人类都是有利的。例如，口腔中的一些微生物有利于增强人的抵抗力，胃里的一些微生物有利于食物的消化。但有一部分微生物对人体却是有害的，它们被称为“病原微生物”，这些微生物会引起很多难以迅速治愈的疾病。“病原微生物”根据其基本结构和基本性质又被分为三类：非细胞型微生物、原核细胞型微生物、真核细胞型微生物。

微生物的世界是十分广阔的，生活中到处可见，当然也包括煮沸的肉汤，借助光学显微镜我们还可以对微生物有更加深入的了解。

小知识

查尔斯·斯科特·谢灵顿（1857年—1952年），英国生理学家。1906年出版了《神经系统的整合作用》专著。此书影响深远，对现代神经生理学，特别是脑外科和神经失调的临床治疗，均有重大影响。由于谢灵顿在神经系统研究工作的杰出成就，1932年与阿德里安（E. D. Adrian）同获诺贝尔生理学或医学奖。

谁第一个发现了艾滋病毒之争
示范病毒的生命形态

病毒是一种个体很小、结构简单的微生物体，它主要由核酸分子与蛋白质构成，是一种典型的非细胞形态结构的微生物。病毒在自然界中的分布十分广泛，它可以感染细菌、真菌、动物和人，常引起宿主发病。

1981年，世界上几个有名实验室分别报告说，在同性恋青年男子群体中诊断出一种新的传染病——艾滋病。自此，在世界各地开始了一场鉴定、分离其病原体的竞赛。

1983年，法国巴斯德研究所的蒙塔尼、巴尔·西诺西及其同事们首先在一名患者的淋巴结中分离出了病毒，并在显微镜下看到了病毒的实体。当年5月20日，他们在美国《科学》杂志报告了这个发现。凑巧的是，同一期杂志还发表了三篇关于艾滋病毒的论文，其中两篇出自美国国家癌症研究所盖洛实验室，另外一篇出自哈佛医学院米隆·艾萨克斯实验室。这三篇文章都认为艾滋病是HTLV-1病毒引起的，这种病毒是盖洛实验室1980年发现的，并于1982年发现了该病毒的HYLV-2型。

蒙塔尼等人看了文章后，向盖洛实验室要来HTLV-1和HTLV-2样本，以便与他们发现的病毒作比对。经过观察，他们确认自己发现的病毒并非HTLV，而是一种新病毒，于是他们将之命名为LAV。9月，他们开发出了检测血液中是否含有艾滋病毒的检测方法，并在英国申请专利，12月，他们向美国申请专利。

让他们想不到的是，就在这时，盖洛和美国卫生与人类服务部突然宣布发现了新型HTLV病毒，命名为HTLV-3，论文发表在1984年的《科学》杂志上。他们同时宣布开发出了检测艾滋病毒的方法并申请专利。美国专利局授予盖洛专利，而早几个月的蒙塔尼等人自然与之无缘。

对此结果，蒙塔尼等人十分奇怪，他们透过测定发现，所谓的HTLV-3病毒与他们发现的LAV极为相似，而与HTLV-1、HTLV-2差异明显。就是说，艾滋病毒根本就不是盖洛发现的HTLV，他们将之命名HTLV-3并不合适。鉴于此，一个命名委员会建议将艾滋病毒称为HIV。后来，这一名称沿用了下来。

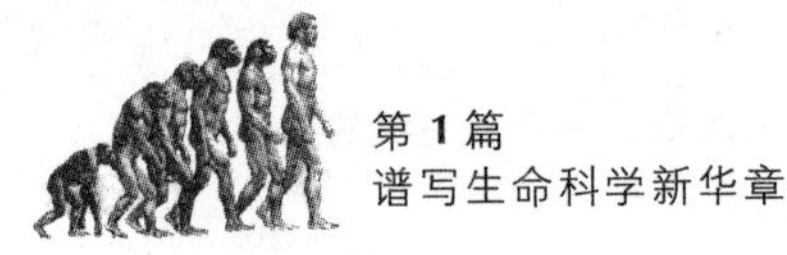

至此，蒙塔尼不得不回顾 1983 年 9 月份自己到美国参加的一次会议，当时他把 LAV 病毒株交给盖洛，双方签署了一份合约，表示盖洛实验室可以用来做学术研究，但不能用以商业开发。难道是盖洛实验室窃取了 LAV 研究成果，冒名 HTLV-3 来申请专利？

1985 年 12 月，巴斯德实验室将盖洛实验室告上法庭，要求他们归还艾滋病检测专利。这场学术含量极高的官司引人注目，惊动了两国总统——里根和密特朗。在他们主导下，双方于 1987 年达成协议，平分专利费。

这可算是医学界的一桩奇闻，此后，关于艾滋病毒发现权的问题依然争论不休。盖洛起初否认二者是同一个病毒株，后来不得不承认二者相同后，又反过来指控蒙塔尼实验室盗用了他的病毒株，蒙塔尼不是曾经也向他要过 HTLV 病毒株吗？

事实无法掩盖，在公众和媒体压力下，美国政府不得不一次又一次重新审议此事。1994 年，这场持续十年之久的医学之争有了结果：美国卫生部终于承认“巴斯德研究所提供的病毒在 1984 年被美国国家卫生研究院的科学家用以发明美国 HIV 检测工具”，并同意让巴斯德研究所分享更多的专利费。

病毒由蛋白质和核酸组成的，它的颗粒非常小，经常是以纳米作为测量单位，大多数的病毒要用电子显微镜才能观察到。病毒的结构十分简单，没有细胞结构，以复制进行繁殖。

核酸在病毒里的分布是独一无二的，也就是说一个病毒只能含有 DNA 或者只能含有 RNA，病毒中的核酸的功能很小，不仅不包含蛋白质还没有核酸合成酶，因此它们只能利用宿主的代谢系统来合成自身的核酸和蛋白质成分。即使病毒中的核酸功能很小，但是它仍然能够凭借着独特的结构实现其大量的繁殖。有些病毒的危害性很大，虽然有的时候没有立刻引起疾病，但也可能是病毒隐藏在宿主的基因组里，这样就有可能会诱发潜伏性感染。

病毒的形态包括七种：球状病毒、杆状病毒、砖形病毒、冠状病毒、有包膜的球状病毒、具有球状头部的病毒、包涵体内的昆虫病毒。病毒按照寄主的种类可以分为噬菌体、植物病毒和动物病毒，而我们熟悉的艾滋病病毒就属于动物病毒。

对病毒的研究对人类的健康是有很大意义的，因为现在医学上难以治愈的疾病基本上都是由很复杂的病毒引起的，所以借助于现代生物技术的发展，生物学家必将揭开病毒学的奥秘。

最后两只蚊子
叮咬出生物的危害性

生物危害是指,一个或其中部分具有直接或潜在危害的传染因子,通过直接传染或者破坏周围环境间接危害人、动物以及植物的正常发育过程。

1881年,英国医学家罗斯来到印度行医。罗斯对印度并不陌生,他的父亲是英国驻印度殖民军的一名将军,他出生在印度。少年时,罗斯回英国读书,直到医学院毕业。

罗斯对当地流行的一种疾病很感兴趣,这就是疟疾。当时,不管是印度居民还是英国士兵,都被疟疾折磨得苦不堪言。罗斯将注意力集中到疟疾上,并很快提出了自己的疑问:"疟疾"一词在拉丁语中的含意是"坏的空气",古罗马人意识到应避开某些沼泽地区的瘴气。可是,他在疟疾患病者体内发现了一种大小如红血球的寄生虫——疟原虫。它是如何侵入人体的呢?

带着这一疑问,罗斯设法追踪这种寄生虫的生活史,发现疟疾并不是由带病菌的空气,而是由不流动的水中所繁殖的蚊子造成的。

为了查清疟疾的传播媒介,罗斯开始日复一日地与蚊子打交道。1893年的某天晚饭时分,他在显微镜下对蚊子进行逐一观察。近八个小时了,罗斯已经眼睛酸痛,筋疲力尽,加上天气炎热,蚊蝇叮扰,使他汗流浃背,心情非常烦乱。可是,观察毫无结果,望着最后两只尚未观察的蚊子,罗斯心中不免产生动摇:"是放弃它们,还是再坚持一下?"

强烈的事业心使罗斯重振精神,继续不顾疲惫地工作下去。就在这时,他突然在这两只蚊子身上发现了一种细而圆的细胞,其中含有黑色物质组成的小颗粒,与疟原虫的色素完全一样!

罗斯喜出望外,他终于证实了蚊子是传播疟疾的元凶。后来,他进一步发现了蚊子传播疟疾的过程:疟原虫先寄生在蚊子的胃内,在那繁殖后,幼虫侵入蚊子的唾液腺内。当蚊子叮人时,唾液中的寄生虫随之进入人体的血液中。几周之后,被感染的人就会出现疟疾特有的发热和寒战而病倒。

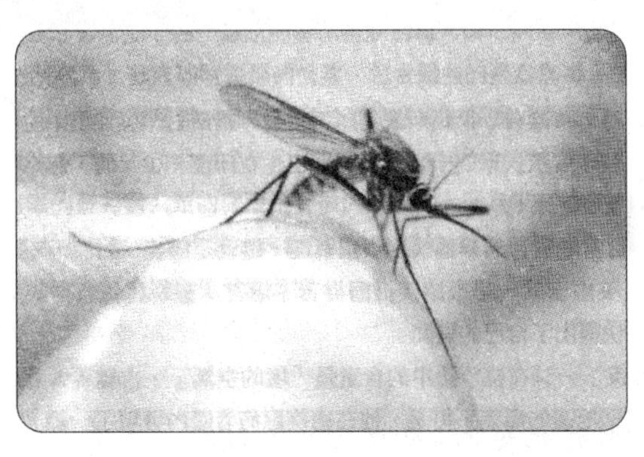

从生物危害的定义就可以看出它的危害性很大。

生物危害来自多个方面：

首先，生物危害来自人、动物和植物的各种致病微生物的危害。这些微生物的有害性不仅仅表现在危害人类，有些微生物的危害甚至波及到农业和畜牧业，这就直接关系到一个地区的经济发展了。

其次，外来物种的入侵导致的生物危害。尽管外来物种能够给当地的人们带来一定的好处，但是有许多外来物种被引进之后，给农、林、牧、渔等行业造成巨大的危害和经济损失，甚至导致生物多样性和遗传多样性的下降，对社会、文化和人类健康也将构成威胁。

第三，来自转基因生物的危害。随着现代科学技术的发展，转基因生物越来越受到人们的青睐，当然转基因生物带给人类的好处是显而易见的，但是不要忘了转基因生物也存在着一定的风险。一些科学家认为，转基因生物有可能对人类健康、农业生物和环境生物构成极大的影响。

第四，来自生物恐怖事件。许多恐怖分子利用微生物做出一些恐怖活动，这对人类的危害性是非常大的。

对于生物危害，人类应该采取科学合理的措施才能避免更大的损失。而在一些特殊的生物实验室就要求工作人员要十分小心，及时做好消毒工作和对盛装病毒容器的封闭性做好检查。

小知识

罗纳德·罗斯(1857年—1932年)，英国微生物学家。主要研究疟疾的侵入机制与治疗方法，并且在西非发现传播疟疾的疟蚊。由于疟疾研究而获得1902年诺贝尔生理学或医学奖。

遭人嘲笑的皇家医生
发现胃中的原核生物

原核生物是由原核细胞构成的生物，细胞中无膜包围的核和其他细胞器，包括古核生物和细菌。染色体分散在细胞质中，不具有完整的细胞器并主要通过二分裂繁殖，如细菌、蓝藻、支原体和衣原体。与古核生物、真核生物并列构成现今生物三大进化谱系。

澳大利亚西部皇家佩思医院(Royal Perth Hospital)的病理医生华伦，用电子显微镜观察病人胃里的细菌时，发现螺旋状细菌基本都在胃有炎症或者溃疡的地方。于是他开始在医院里宣传自己的观点，并且发表文章，指出胃炎和溃疡与螺旋菌感染有关。

然而，在此之前医学界的一致看法是，胃里虽然有螺旋菌，但它们来自口腔，并非胃里生长的。因为胃里的盐酸浓度实在太高，很难想象有什么细菌能够在这种环境下存活。即使看到有细菌生长，也是因为胃组织死亡以后在那里繁殖起来的。华伦的观点表明后，立即招致同事们的嘲笑，大家都觉得他是在胡说八道。1981年，医院胃肠病科来了一个年轻的实习医生，专门研究胃肠病。因为要完成一篇论文，他就主动找到华伦说："我想在病人身上验证您的观点。"

一个偶然的机会，年轻医生遇到一位溃疡病人，这位病人因为其他原因服用一段时间的四环素，溃疡病居然奇迹般好转了。他立即想到华伦的观点，并给病人安排了胃镜检查，结果确认这个病人的确是痊愈了。后来，年轻医生临床看病之余，就搜集一些病人胃黏膜标本，到微生物实验室做细菌培养。1982年复活节，实验室没人上班，他做了一个细菌培养，放在实验室后也回家过节。六天后，当他回到医院，取出细菌培养皿时，激动得差点把培养皿掉在地上，原来上面长了一个菌斑！这是人类第一次成功培养出的幽门螺杆菌。

这个年轻的医生就是巴里·马歇尔。

单细胞生物居于领导地位占据了地球生命存在的几乎6/7的时间。在细胞形成的早期，以原核生物蓝菌为主体的单细胞生物很快便开始了生命的第一次生态系统的建构和扩张，成为当时生物界的主宰。由于环境因素的驱动，原核生物蓝细菌生态体系走向衰落，真核生物走向兴盛和繁荣，出现了历史上第二次生态扩张。原核生物与真核生物的根本性区别是后者的细胞内含有细胞核，因此以真核来命名这一类细胞。许多真核细胞中还含有其他细胞器，如线粒体、叶绿体、高尔基体等。与真核生物的种类相比，已发现的原核生物种类虽不甚多，但其生态分布却极为广泛，生理性能也极为庞杂。

幽门螺杆菌属原核生物的细菌，它的发现打破了当时已经流行多年的人们对胃炎和消化性溃疡发病机理的错误认知。从此，溃疡病从原先难以治愈反复发作的慢性病，变成了一种采用短疗程的抗生素和抑酸剂就可治愈的疾病，大幅度提高了胃溃疡等患者获得彻底治愈的机会。这个发现还启发人们去研究微生物与其他慢性炎症疾病的关系，正如诺贝尔奖评审委员会所说："幽门螺杆菌的发现加深了人类对慢性感染、炎症和癌症之间关系的认识。"

小知识

巴里·马歇尔(1951 年—)，澳大利亚临床微生物学教授。他与罗宾·华伦因为发现了幽门螺杆菌以及这种细菌在胃炎和胃溃疡等疾病中的作用，被授予 2005 年诺贝尔生理学或医学奖。

吴刚伐桂树
伐不断生命的连续性

生物生命的根本属性就是生物的遗传性。生物的生殖是指生物体发育到性成熟之后就能够产生后代，进而使整个种族的生物个体增多，种族得以延续下去。这种生命体的延续实际上就是遗传信息的传递。

从前，在月宫里，有一棵生长了几兆年的桂花树，它高大挺拔，枝繁叶茂，永不凋谢，几乎盖住了月亮的光芒。

这时，天庭来了一位叫吴刚的人，他是人间的武士，受到一位道士的点化，来此寻求长生不老之术。玉皇大帝见到吴刚，发现他精通武艺，臂力过人，是一个可造之才，就想把他留在天庭。谁知道吴刚个性耿直，脾气火爆，况且他在人间散漫惯了，不把天庭的规矩放在眼里，经常打抱不平，闹得天庭鸡飞狗跳。玉皇大帝惩罚他，可是吴刚不长记性，刚得到的教训，转身就忘掉了，玉皇大帝拿他也没办法。

有一次，吴刚触犯了天条，玉皇大帝心想："这回必须给他点教训，不能再纵容下去了。"于是，他对吴刚说："月宫里有一棵桂花树，你把它砍倒再来见我。"

吴刚被侍卫押解到月宫的桂花树下，他揉了揉麻木的手臂，捡起地上的斧头，二话不说对着桂花树砍了起来。顿时，桂花树落下了一大片树叶，不到一天，他就将一棵活了几兆年的桂花树砍得只剩下为数不多的枝杈。吴刚砍着砍着，感觉到累了，心想："我休息一下继续砍也不迟。"于是，他躺在树下睡着了。

当吴刚睁开眼时，看到一棵完好如初的桂花树出现在眼前，他揉了揉眼睛，顿时感到自己受愚弄了，便立刻跳起来，捡起斧头，用力砍了下去。可是这次，只要吴刚砍掉一块树皮，桂花树就会长出一块新的，玉皇大帝就是利用这种重复的劳动对吴刚进行着无休止的惩罚。

最早的生命是从无生命物体开始的，但是自从地球上有了生命体之后，生命就只能来自已经存在的生物。由此可知，生物生命的根本属性就是生物的遗传性。

生物的生殖是指生物体发育到性成熟之后就能够产生后代，进而使整个种族的生物个体增多，种族得以延续下去。生物体得以延续的重要原因就是这种任何生物体都能够繁衍后代的能力，这种能力是生物体在其个体死亡之前都拥有的。

吴刚伐桂图

生物体的生殖是生物体实现亲代与后代之间生命延续的方式，分为有性生殖和无性生殖两种。

动物的有性生殖分为卵生、胎生和卵胎生，而无性生殖则有出芽生殖和细胞生殖两种；植物的无性生殖分为孢子繁殖和营养繁殖。因为生殖能够实现生物体的繁衍，因此生殖是生命的基本特征之一。

生物体能够通过发育实现个体一生中生命的延续。这种生命体的延续实际上就是遗传信息的传递，亲代通过遗传信息将生命体的基本特征传递给下一代，在这个过程中遗传信息也会发生变化，这种变化就是生物体的进化。

遗传学和进化学是生物学的两大重要的研究课题，遗传和变异也是生态系统得以延续的重要原因。

小知识

恩斯特·迈尔（1904 年—2005 年），美国进化论生物学家，被誉为“20 世纪达尔文”。他把物种定义成一群相互能够繁殖后代的个体，而它们与这个群体以外的个体不能繁殖后代。这个概念也因此解答了查尔斯·达尔文的一个生物学难题。同时，他还在鸟类学、分类学、动物地理学以及进化论方面提出了很多新概念和理论，比如“物种”、“创始者原则”、“外周隔离成种”，并且相继出版了一系列学术专著。

飞蛾扑火
扑不灭昆虫的生物学特性

昆虫的生物学特性表现在很多方面，包括昆虫的繁殖、发育、蜕变、习性等等许多方面。昆虫的发育分为两个阶段：第一阶段在卵内进行至孵化为止，称为胚胎发育；第二阶段是从卵孵化后开始到成虫性成熟为止，称为胚后发育。

在一个伸手不见五指的夜晚，一只飞蛾突然发现不远处有微弱的亮光，它知道，那是读书人点亮的。它拍着翅膀朝灯光飞去，试图借助灯光，发现可口的食物和心爱的伴侣。

飞蛾远远地围绕着灯光飞行，而灯光将它的背影放大在墙上，跳动的火焰对着飞蛾说："你看，你多么伟大！"

飞蛾听了说："我真的很伟大吗？"

"是啊！你看看你背后的影子。"飞蛾转过头看到墙上映着一个巨大的背影，它激动地说："这是我吗？"为了看清楚一些，蛾子朝背影飞去。蛾子越飞越近，墙上的影子也缩小了很多。

火焰说："你只有离火光越近，才能看清楚自己的样子。"

飞蛾听后，拍着翅膀朝火焰飞去，不时转头观看墙壁上的影子，果然变大了，不由得相信了火焰的话，怡然自得，翩翩起舞。

火焰继续说："快来，快来，再近一点，再近一点。"飞蛾不知就里，为了使自己的形象更高大，它拍打着翅膀，奋力向火焰的中心飞去。突然火焰张开炽热的大嘴，瞬间吞没了志得意满的飞蛾。

飞蛾就这样钻进了火焰布下的圈套，成了火焰的盘中餐，也为人们留下一个飞蛾扑火的成语，成为了人们的笑谈。

昆虫的生物学特性表现在很多的方面，这种特性也可以叫做昆虫的个体发育特征，它包括昆虫的繁殖、发育、蜕变、习性等等许多方面。

昆虫的种类和数量都很多，这和它们的繁殖特点是分不开的，昆虫的繁殖方式十分多元化，繁殖力强，这是它们能够成为一个庞大家族的重要原因之一。昆虫的

繁殖分为两性生殖、孤雌生殖、卵胎生、幼体生殖和多胚生殖。每一种昆虫的繁殖方式都有其各自的优点，进而能使它们顺利地繁衍后代。

昆虫有一个不同于其他生物体的重要特征就是它会有一个蜕变期，蜕变，顾名思义就是生物体从不成熟到成熟的一种身体方面的改变，在这个过程中生物体的外部以及内部器官都会有一定的变化。

昆虫的蜕变分为不全蜕变和全蜕变两种类型，生物体在长期的演化过程中会有适应不同的生存环境的变化，在这种适应的过程中生物体会根据环境的变化选择不同的蜕变方式。

昆虫的个体发育可以分为两个阶段：第一阶段在卵内进行至孵化为止，称为胚胎发育；第二阶段是从卵孵化后开始到成虫性成熟为止，称为胚后发育，细分的话还可以分为卵期、幼虫期、蛹期和成虫期。除此之外，昆虫还有季节发育，就是昆虫会寻找适当的季节进行生长、发育和繁殖。昆虫的重要行为习性有趋性、食性、群集性、迁飞性以及自卫习性等几个方面。这些习性也都是昆虫对自然环境适应的结果。

小知识

路易斯·托马斯(1913 年—1994 年)，美国医学家、生物学家。主要著作有《细胞生命的礼赞》和《水母与蜗牛》。

学唱歌的驴子
不懂得个体差异

生物的个体差异性就是指同一物种甚至同一种群的不同个体之间的差异。生物个体差异产生的原因最有力的解释就是遗传与变异，其中，变异是最重要的因素。

有一头驴子每天都在田里工作，工作之后被主人牵到田边小树林休息。树荫下凉凉的，没有曝晒在毒辣辣的太阳底下，驴子觉得特别舒服，常常吃饱后慢悠悠地躺倒在地上，享受工作之余的片刻幸福。

驴子半闭着眼睛，似睡非睡，忽然耳边响起动人的歌声。驴子睁开双眼，看到树枝上停着一只蝉，原来那美妙的歌声是它唱的。驴子满意地笑笑，随着蝉声不由自主地抖动着耳朵。蝉每唱一声，它的耳朵就动一下，歌声的节奏越快，它的耳朵动得越快，歌声变慢，它的耳朵也随着慢下来。驴子羡慕地说："美丽的女士，我太喜欢您的歌声了，您是不是吃了灵丹妙药，才拥有这样绝妙的好嗓子？"

蝉听了这话，想了想回答道："其实也没什么，要说灵丹妙药，可能是我每天早晨都喝几滴最纯净的露水吧！"

驴子听了这话，如获至宝："原来如此，喝了露水就能唱出美妙的歌声。从今以后我也要喝露水！"

从此，驴子除了整日趴在树下等露水，其他的事情都不肯做了，就连黑夜降临该回家，它也一动也不动。主人用了各种办法驱赶它，可是它就是赖着不走。主人以为驴子肯定疯了，气呼呼地丢下它自己回家了。

驴子专心地等候露水，可是等了一天又一天，它一滴露水也没有喝到，反而被活活饿死了。

驴子之所以不能像蝉一样唱歌，原因是生物的个体存在差异性。

对有性生殖的物种来说，亲代与子代之间都会有差异，这是由于有性生殖产生生殖细胞的减数分裂过程中，基因发生了变化，就是重新组合。这种基因的重新组合会造成非同源染色体之间的自由组合。而在现实的生活中不光是基因在影响着人的个体差异，环境因素也会影响生物个体的成长与发展，进而使得基因型完全相

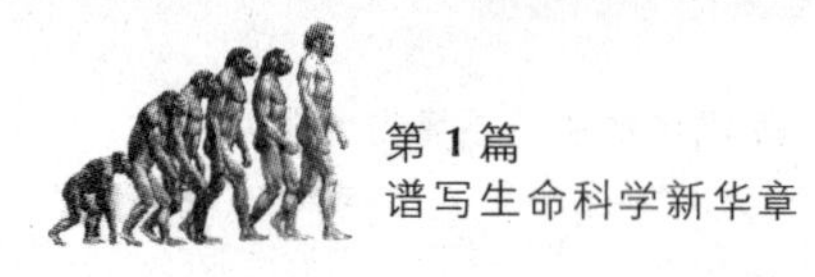

同的两个生物体在表现型上也可能会有较大差距，这样就会有个体差异的出现。

还有一个造成个体差异的重要原因就是变异。变异的种类也是多种多样的，方向更加不确定。在生物学历史上，变异并不是一个多发的现象，但是现实中生物世界是一个复杂而又千变万化的世界，一次基因的变异也是不可小看的。诱发基因变异的原因有多种，这种基因的突变就会在一定程度上形成个体的差异。

小知识

吕光洋，台湾生物学界重要学者，在两栖类发现及鉴定出台湾生物的新物种，诸如罗树蛙、橙腹树蛙、翡翠树蛙，对台湾两生爬行动物进行多项研究，获得相关学者敬重。1998年，太田英利、陈赐隆、向高世等学者发表了新物种吕氏攀蜥时，将“吕”拉丁化(luei)后放入种名内，以纪念吕光洋教授对台湾生物研究上的贡献，成为了首次台湾研究人员的姓氏出现在两生爬行动物的学名上。

现任国立台湾师范大学生物学系教授。

第2篇

生命科学的进化与发展

从蜘蛛结网学会绿苔解毒属于生命科学研究的描述观察法

在自然条件下，对客观对象有目的、有计划地进行观察，搜集、分析事物的特点，以此获得的感性数据，并且对此感性数据加以描述的方法，被称为描述观察法。这种方法是生物科学研究最基本的方法，包括人的肉眼观察及放大镜、显微镜观察。

一天，华佗和徒弟吴普前去行医，途中，他们看到一位女子趴在路边痛哭不止。看到此情形，华佗立即想到她可能病了，就上前询问。一看之下，他大吃一惊，这位女子并非生病，而是被路旁的马蜂蜇了，整个脸部都红肿了，样子十分骇人。

吴普忙问："师父，这该怎么办？咱们没有带治疗蜂毒的药啊！"

华佗想了想，看着不远处的一所茅房说："你到那后边阴暗的地方去寻些绿苔来。"

"绿苔？"吴普不解，可是也来不及多问，便遵照华佗的吩咐去做。

不一会儿，吴普捧着一大把绿苔回来了。华佗也不说话，抓起绿苔揉碎，然后轻轻敷在那位女子的脸上。说也奇怪，一敷上，女子就说："好凉爽，不痛了。"

华佗嘱咐她，以后天天用绿苔敷脸部。女子按照华佗叮嘱敷药，几天后蜂毒完全消退，病情好转了。

这件事让吴普感到很好奇，他不明白绿苔为何能治疗蜂毒？于是华佗对他讲述自己发现绿苔治疗蜂毒的经过。

有一年夏天，华佗在巷口纳凉，看到蜘蛛在巷口结网，忽然空中飞来一只大马蜂，停在蜘蛛网上。蜘蛛连忙爬过去，伏到马蜂身上。不料，马蜂不肯束手就擒，当场回敬了蜘蛛一下——蜇得蜘蛛缩成一团，肚皮立即肿了起来。见此情景，华佗心想，人被马蜂蛰一下都疼痛难忍，一只小小的蜘蛛，会不会因此丧命？就在他思索间，却见蜘蛛从网上跌下来，落在潮湿的绿苔上打了几个滚，把肚皮在绿苔上擦了几下，肚皮竟然消肿了。

华佗好生奇怪，更加专注地观察起蜘蛛来。消毒之后，它重新爬上网，还要吃马蜂。马蜂再次施毒，又蜇了蜘蛛一下。蜘蛛又一次跌下网，爬到了绿苔上，还是滚几下，擦了擦。随后，再爬上网跟马蜂斗。这样上下往返了三四次，马蜂最终无力抵挡蜘蛛的进攻，成为它的口中美味。一直关注它们争斗的华佗恍然明白，马蜂毒属火，绿苔属水，水能克火，所以绿苔能治蜂毒。

于是，华佗就据此推想出了用绿苔治蜂毒的方法。

从蜘蛛斗马蜂学会绿苔解毒，实际上是向人们描述观察法在生物学研究中的有效作用。生物学有很多种研究方法，其中最常用的方法有观察描述法、比较法和实验法，在生物学的研究史上，这些方法依次兴起，并且这些研究方法都在一定的时期对当时的生物学研究产生了巨大的作用。一直到现在，这些方法经过一定的发展与进步依然对生物学的研究有着重要的作用。

在自然条件下，对客观对象有目的、有计划地进行观察，搜集、分析事物的特点，以此获得的数据，并且对此数据加以描述的方法，被称为观察描述法。这种方法是生物科学研究最基本的方法，也是从客观世界获得原始的第一手数据的方法。观察包括人的肉眼观察及放大镜、显微镜观察，这种观察结果必须是可以重复的。

神医华佗为关公刮骨疗毒

观察这一重要的活动进行之后当然就是到描述的阶段了，没有描述的话，观察这项活动也就没有了意义。

要明确地鉴别不同物种就必须用统一的、规范的术语为物种命名，这又需要对各式各样形态的器官做细致的分类，并制定规范的术语为器官命名。这一繁重的术语制订工作，主要是林奈完成的。人们使用这些比较精确的描述方法搜集了大量动植物分类学资料及形态学和解剖学的数据。生物分类学者又对其进行鉴别、整理，进而使得观察描述的方法获得巨大发展。

相隔百年的光合作用实验凸显实验的重要性

实验法是生物学家们对将要研究的对象的一些条件进行人为的控制，进而有利于研究的继续进行，然后得出重要的研究成果。实验法是自然科学研究中最重要的方法之一，很多的生物学家都利用实验法来获得一些科学的理论。

人类对自然界的种种现象都非常好奇，我们现在所知道的各种自然界知识，都是经过了很多前辈的反复实验验证的。例如光合作用，就是经过了很长时间的探究，人类才发现了这个奥秘。

1727年，牧师黑尔斯曾在他的书中写道："植物体在生长的过程中，所形成并累积的固体物质，是植物的叶子从空气中吸收的养分变化而来的。"他的这一句话，开启了人类研究植物与空气关系的第一步。

40年后，一位英国牧师和一位化学家开始了他们的研究，他们认为，自然界中有"好空气"和"坏空气"之分。为了验证这个理论的真实性，他们进行了一个实验。这个实验的步骤是：把两只老鼠分别放到两个钟罩下，一个钟罩下面放了一盆生长茂密的植物，一个没有放。实验的结果显示，有植物的钟罩下面的老鼠依然正常活动，持续活了好几天，而那个没有植物的钟罩下面的老鼠，很快就死去了。于是，他们得出这样一个结论：当老鼠被隔绝空气时，植物可以提供一种物质，可以继续维持老鼠的生命。

紧接着，他们又做了另一个实验，实验的步骤是：把两根燃烧正旺的蜡烛分别放到了两个相同的钟罩下，一个钟罩下放了一株旺盛的薄荷，另一个什么也没有放。结果，放薄荷的钟罩下面的蜡烛燃烧了很久，而那个没有放薄荷的钟罩下面的蜡烛，不久便熄灭了。他们为此得到了一个结论：植物能够把坏的空气变成好的空气，而动物的呼吸和蜡烛的燃烧则将好空气变成坏空气。可是有的研究者在验证他们的结论时，得到的却是相反的结论。

1779年，一位荷兰的医生也设计了一个实验，他的实验步骤是：用漏斗把一株新鲜的水草倒扣在一个装满水的大烧杯里，然后又把一个装满水的试管罩在漏斗颈部一端的开口上，这些做法都是要求隔绝空气，呈现密封状态。然后让实验组 A 中的水草进行光照，不给实验组 B 中的水草进行光照。

A 株水草接受光照后，试管不久出现了气体，他把试管拿下，把一个正燃烧的蜡烛放在气体旁，只听见“砰”的一声，蜡烛的火焰窜的超高。那时，化学知识都已经证明氧气助燃的现象，说明气体有可能是氧气。而对照 B 组，很长时间都没有出现气体。但他没有急于下结论，又用了各种的植物做了五百多次实验，之后公布了实验结果：在光照下，植物会把坏的空气变成好的空气，没有光的时候，则相反。

正如我们现在知道的，这个好空气是氧气，坏空气是二氧化碳。

光合作用是植物学界的一个普遍研究的对象，而一个相隔百年的光合作用的实验却告诉了人们实验法在生物学研究中的重要作用。20 世纪的前半叶，分析生命活动的基本规律成为生物学上一个重要的研究课题，在这一时期生物学研究的主要手法当然就是实验法。1900 年，三位生物学家重新发现了孟德尔的两大遗传规律，这也是得益于当时实验法的发展。所以，当时的生物学家们都十分重视实验法在生物学研究中的应用。

我们研究中常用的观察和描述的方法只是对自然发生的现象进行的一种客观的描述，而实验法却是生物学家们对将要研究对象的一些条件进行人为地控制，进而有利于研究的继续进行，然后得出重要的研究成果。

实验的方法是自然科学研究中最重要的方法之一。很多的生物学家都利用实验法来获得一些科学的理论。例如，17 世纪前后英国生理学家 W·哈维关于血液循环的实验就是一个典型的利用实验法获得的研究成果。但是，在当时，实验法还没有受到生物学家们的广泛重视，很多人都认为用实验的方法研究生物学只能有很小的作用。

到了 19 世纪，物理学、化学都得到快速的发展，进而为生命科学的发展奠定了良好的基础。从此，生物研究的实验法开始慢慢发展起来，19 世纪 80 年代，胚胎学、细胞学和遗传学等学科也应用了实验方法。到了 20 世纪 30 年代，生命科学的实验法得到快速的发展，大多数的生命科学研究领域都应用了这个方法并且取得了很大的成就。

19 世纪以来，实验方法渐渐成为生命科学主要的研究方法，进而使生命科学发生巨大变化，也推动了生命科学研究的快速发展。

猴“警察”以德服猴 表现控制论原则

控制论是研究动物(包括人类)和机器内部的控制与通信的一般规律的科学。由信息论、自动控制系统的理论和自动快速计算机的理论组成。

在美国耶基思国家灵长类动物研究中心生活着一群豚尾猴，这群猴子共有 84 只，其中 45 只成年猴。它们构成一个小小的社会团体，每日秩序井然地一起吃、喝、玩、乐，十分和谐。

研究员弗莱克和同事们在观察这群豚尾猴时，发现它们能够“和平共处”，得益于群猴中的猴“警察”。猴“警察”共有四只，三只雄性，一只雌性，它们就像人类社会里的警察，负责维护社会秩序，调解猴子之间的纠纷。

为了确认“猴警察”的作用和地位，弗莱克和同事们把四名猴警察“请出”了猴群，结果不到十个小时，问题出现了：猴群变得混乱无序，猴子们之间冲突不断，生活变得一团乱。

在进一步观察中，弗莱克和同事们了解到猴警察是级别较高的猴子，它们不像人们想象中的那样依靠武力或者暴力手法谋取权力，抢占地盘，压迫和管制群猴，它们是透过“选举”上任的，而且工作起来恩威并施，以大公无私的方法，公平地处理下级猴子们之间的冲突和争斗。

说起猴子社会的选举，真是有趣，过程非常公平，还有“投票”和“任命”两道程序。选举前，一般先选定候选猴子，大多是体型较大者；然后其他猴子开始“投票”。当一只猴子向着某位候选猴子龇一龇牙时，表示投了它的票。这个典型的投票动作是说：“我同意，由你出任警员。”有趣的投票活动结束，“猴警察”就可以走马上任。

既然荣任警察，自然要担当起应负的责任，“猴警察”每天需要处理不少事物，当然最重要的就是解决猴子之间的争斗。如果两只猴子发生了争执，“猴警察”就要勇敢地站到它们中间，把它们隔开，还要进行思想教育工作，直到它们表示和解，不再闹别扭为止。

猴“警官”以德服猴也是一种控制论的表现，在生物学中控制论是一种十分重要的理论。它是研究动物(包括人类)和机器内部的控制与通信的一般规律的科

学。也可以是指一种如何让主体在动态系统保持平衡状态或稳定状态的科学。

“控制论”最先是来自于希腊的词汇，本意是掌舵的方法和技术，引申出来的意思也可以是指如何管理人的一种艺术。控制论是一个极其广泛的理论，它可以包括自然科学领域，也可以包含社会科学领域。在控制论中，控制的是一种信息，透过控制信息而使得某些被控制对象的功能实现改善，这个过程就是一种控制的过程。

控制论是由信息论、自动控制系统的理论和自动快速计算机的理论组成的。它有四个主要的特征：

第一，就是主体要拥有一个稳定的或者说是一种平衡的状态。

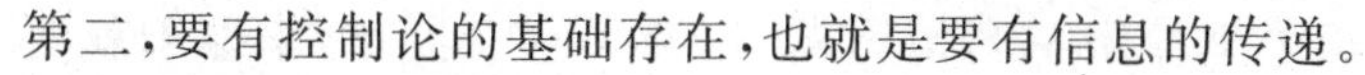

第二，要有控制论的基础存在，也就是要有信息的传递。

第三，具有改善主体的方法、工具或者是手法。

第四，这种系统内部会有一个自动调节的机制存在，进而保证自身的稳定。

控制论也为其他领域的科学研究提供了一个重要的研究方法，它是一种典型的控制系统。管理系统中的控制过程是透过信息回馈来揭示成效与标准之间的差别，进而采取纠正措施，进而使整个系统得到优化，这种管理系统中存在的控制也可以说是一种控制论。

小知识

施旺(1810年—1882年)，德国生理学家，细胞学说的创立者之一，普遍被认为是现代组织学(研究动植物组织结构)的创始人。他最为人纪念的功绩也是最重要的著作是《显微镜研究》，即《关于动植物的结构和生长的一致性的显微研究》一书。书中第一次系统地阐述了现代生物学所有观点中最重要的观点：动物和植物都是由细胞构成的。

酷爱昆虫摄影
是台湾学者李淳阳爱观察的结果

观察法是生物科学研究最基本、最普遍的方法，是生物科学研究搜集数据的基本途径，也是其他研究方法的基础。它是发现问题、提出问题的前提，是产生理论假设的手法。

昆虫和人是一样的，有生命、有思想、有智慧、有感情，这是李淳阳多年潜心研究昆虫，观察昆虫的生活以及生命的轨迹之后，在他 80 岁的时候发出的一番感慨。

李淳阳的父亲是一位很有名望的商人，家庭条件的优越使李淳阳走进了当时大多为日本人就读的南靖国民小学，李淳阳小时候非常喜欢观察昆虫，他家二楼的阳台上有一盏灯，当灯亮起时，那些小飞蛾便争先恐后地飞入灯罩里去，结果都被高温一一烫死在里面。

“这些飞蛾简直是太愚蠢了，可是后来的飞蛾依旧往里面飞，这到底是为什么呢？”李淳阳疑惑地想道。

9 岁那年，父亲送给了李淳阳一套摄影器材，有了这套器材，李淳阳就更方便观察昆虫了。不久，他便学会了摄影技术，并经常带着这套器材对昆虫进行拍摄。对昆虫的喜爱让李淳阳接触到法布尔所著的《昆虫记》，决心一生与昆虫相伴的想法就从那时开始萌芽的。

由于台北帝国大学农林专门部不收来自本岛的学生，在家人的劝说和父亲的鼓励下，李淳阳考取了东京农业大学并选择了农学科，在这里，他主要研究植物的病毒。

李淳阳的学习与研究工作并不是十分的顺利，从日本人偷袭珍珠港，他跟母亲一起离开日本，到不满政府的行为而从台湾总督府农业试验所辞职，李淳阳的事业经历了一连串的波折。时隔几年以后，李淳阳在一个偶然的机会里重返农业试验所工作，后又被推荐到美国做专业的学习和考察。多年的心血并没有白费，终于在 1961 年，他在《经济昆虫学期刊》发表了有关农药安特灵具有渗透移行性的论文，并因此获得博士学位，此后他又发现另外一种农药 BGH 也有相同的性质。

除此之外，李淳阳在昆虫摄影方面同样取得了傲人的成绩，他历时 8 年，拍摄了一部昆虫生态影片，并且在知名度很高的英国国家广播公司 BBC 播出。他也因此立刻变成了台湾家喻户晓的人物，所有看过此片的人无不对里面细腻生动而又真实的情节赞叹不已。

李淳阳酷爱昆虫摄影，是生物研究的一种细致的观察方法之一。在生物学实验中最基本的方法就是观察法，观察法既然是在自然条件下，对客观对象有目的、有计划地观察，并搜集、分析事物资料的一种方法，那么观察法也一定要讲究科学，要科学观察。

在生物学的研究中，科学观察的基本要求就是客观地反映可以观察到的事物，并且观察完之后还可以进行检验，观察结果必须是可以重复的，因为只有可重复的结果才是可检验的，进而才是可靠的结果。所以在实验中，不管是什么观察都要重视观察的顺序和对观察结果的记录，这样才能成为一种科学意义上的观察。

观察法是生物科学研究搜集资料的基本途径，是其他研究方法的基础，它是发现问题、提出问题的前提，是产生理论假设的手法。例如，在进行细胞理论研究时，首先就需要利用观察法来观察一下细胞的结构特征，这是进行细胞研究的基础，也是获得真实资料的一个最重要途径。

还有很重要的一点就是观察记录必须是真实的，不能随意修改。特别是那些与预期效果不同的实验结果，更加要求实验者要如实记载，并且还要向别人声明这个结果是经过很多次的观察实验才得出来的结果，因此一定要重视它的科学价值。

小知识

施莱登(1804 年—1881 年)，德国植物学家，细胞学说的创始人之一。他根据多年在显微镜下观察植物组织结构的结果，认为在任何植物体中，细胞是结构的基本单位；低等植物由单个细胞构成，高等植物则由许多细胞组成。1838 年，他发表了著名的《植物发生论》一文，提出了上述观点。

从望梅止渴到巴甫洛夫的生理学实验

生理学建立在实验和观察的基础上，这就充分证明生理学实验在生理学研究中的重要性。透过实验能够使研究者逐步掌握生理学实验基本操作技术，了解生理学实验设计的基本原则，进一步了解和获得生理学知识，进而能够验证和巩固生理学。

曹操是个了不起的军事家，也是个了不起的心理学家。有一首诗曾赞道："随鞭一指生默林，便使万军不唇干。无中生有智者策，用兵奇谋众口传。纸上一事难学会，因势利导不简单。若无随机应变心，读尽兵书也枉然。"

曹操生在一个官宦之家，年轻时候性格放浪，处事随意，不求上进，不爱读书，当时他身边的人都觉得他是个纨绔子弟，将来不会有大出息，家人也认为，只要他日后不给家族蒙羞，就足够了。

梁国的桥玄却不这么想，他是第一个看出曹操有过人才能的人，他常对年轻的曹操说："天下就要大乱了，非得出现一个旷世奇才才能将天下稳住，而你就是这样一个人！"

说的次数多了，曹操也开始对自己充满信心。这在心理学上叫做"暗示"，我们有理由相信，曹操的心理暗示本领也许师承桥玄。

关于暗示，曹操最为人称道的，莫过于"望梅止渴"。那是在一次孤独的行军中，部队走在一片无人荒漠上，烈日当头，士兵们都叫苦不已，纷纷叫嚷口渴。

副将看不下去，就向曹操报告说，士兵们因为饥渴，已经坚持不住，询问他是否应该停下脚步或者退兵。

曹操自己也是口渴难忍，但此时退兵无异于前功尽弃。他调转马头，向身后的士兵大声宣布："此路我曾经走过，我记得前面有片茂盛的梅子林，那里的梅子又大又甜，大家只要再坚持一下，就可以解决口渴的问题了！"

梅子林！士兵们瞬间两眼发光，光靠想象，那梅子的酸甜味道就似乎蔓延在每颗牙齿的深处，喉咙顿时觉得清爽许多，脚下的速度也不自觉地加快。

故事说到这里，士兵有没有吃到梅子，已经不是那么重要。曹操也许不懂心理学上的“联觉”——由一种感觉引起另一种感觉的心理现象，但他却成功地运用了这个知识，将士兵们的听觉和味觉很巧妙地联结在一起。

生理学无冕之王——巴甫洛夫透过长期实验发现人和动物一样，有一种非常奇特的现象，他把这种现象称为“条件反射”。巴甫洛夫利用动物进行实验，他在狗的脸颊上切开一个小口，将唾液腺分泌出来的唾液引到挂在脸颊上的漏斗中，漏斗下面放着实验用的量杯。

巴甫洛夫在给狗喂食之前，总是先打开灯，因为灯光和食物没有任何关联，狗没有什么反应，唾液也没分泌出来。巴甫洛夫将食物拿了出来，狗立刻分泌唾液，经过多次反复练习，每次喂食前总要打开灯，一个奇特的现象出现了：只要打开灯，即使不喂狗食物，它也会分泌唾液。巴甫洛夫将这种现象称为“条件反射”。

望梅止渴是一个人尽皆知的小故事，从望梅止渴到巴甫洛夫的生理学实验都向生物学家们展示了生理学实验在生物学研究上发挥的重大作用。

生理学是一门实验性的科学，它之所以能够成为一门独立的学科应该归功于17世纪的英国著名医生威廉·哈维，他对动物体进行研究时，采用了活体解剖法和动物实验法，得出血液循环的正确结论，并于1628年出版了《心血运动论》。这是对生理学实验的重要性的最好验证。因此，国内外生理学家无不重视生理学实验，因为一个只能记忆生理学概念而不会动手的人，是不可能对实验性学科做出贡献的。

在生理学实验的过程中要注重实验的要求、实验的方法与步骤和实验的项目以及内容，在实验中要提高实验的效率，还要把生理学的理论与实验相结合。生理学实验作为一种生物学重要的研究手法，在如今生物学的研究上发挥着重要的不可替代的作用，相信在生物科学日益发展的前提下，生理学实验会取得更加辉煌的成就。

小知识

海克尔(1834年—1919年)，德国博物学家，达尔文进化论的捍卫者和传播者。1899年，他出版了《宇宙之谜》一书，书中不但对19世纪自然科学的巨大成就，特别是生物进化论做了清晰的叙述，而且根据当时的科学水平，对宇宙、地球、生命、物种、人类及其意识的起源和发展，进行了认真的探索，力求用自然科学提供的事实，为人们勾勒出一幅唯物主义的世界图景。

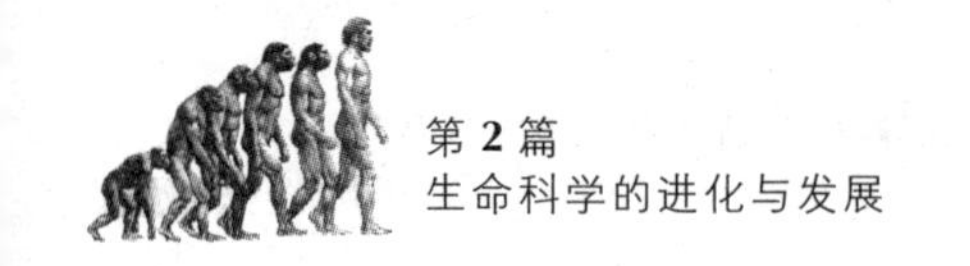

DNA 的发现离不开模型试验的作用

模型试验是逻辑方法中的一种形式，它可以用原型的一种模拟形态来研究原型的一些形态、特征和本质。

罗莎琳·法兰克林是美国女医学家，她在研究脱氧核糖核酸(DNA)的实验中，第一个为它的螺旋体结构形态做了科学的设想。1952 年 3 月 18 日，她经过多个日日夜夜的努力，终于完成了关于这一成果的论文，将论文列印稿送交发表。没想到第二天，从英国剑桥大学就传出了华生和克里克也在这一研究中取得成功的消息。

华生和克里克曾与法兰克林进行过学术交流，讨论的正是螺旋体结构形态问题。为此，不少人为法兰克林打抱不平，认为华生和克里克窃盗了她的研究成果，很多人支持她"不能退缩，应该坚持自己的成果，坚决与华生等人一争高下。"

可是，法兰克林并没有这么做，她既没有懊恼，也没有做出过激举动，而是悄悄撤回了自己的论文，并写了一篇文章寄给华生和克里克，祝贺他们获得成功。不仅如此，她还出人意料地为他们提供了一些数据和处理信息，这些宝贵的数据对华生和克里克非常重要，为他们日后获得诺贝尔生理学或医学奖铺平了道路。

法兰克林这个举动，赢得了大多数人的尊重，包括华生和克里克，他们没有独占这一伟大的科研成果，在谈到这一成果时，总是忘不了为法兰克林记上一功。很可惜，法兰克林不久后就因病去世了，由于诺贝尔奖不颁发给已故的科学家，故而法兰克林并没有享受到这一至高无上的荣誉。

DNA 的发现无疑是生物学历史上一个伟大的里程碑，这个伟大的发现当然离不开模型试验这个重要的生物学研究手法。生物模型试验的方法在生物学研究中有着广泛的应用价值。

模型试验是逻辑方法中的一种形式，它可以用原型的一种模拟形态来研究原型的一些形态、特征和本质。生理学是建立在实验和观察的基础上的，这就充分证明生理学实验在生理学研究中的重要性。透过实验能够使研究者逐步掌握生理学实验基本操作技术，了解生理学实验设计的基本原则，进一步了解和获得生理学知识，进而能够验证和巩固生理学。

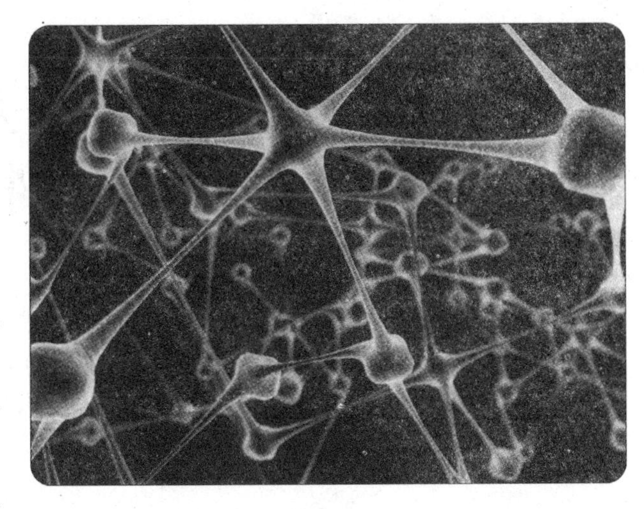

模拟实验是一种比原型实验要高级和简洁的研究手法，因为在模拟实验中可以舍弃一些阻碍研究的因素，进而使研究更加顺利地进行，这种方法不仅能够把握好原型的各种复杂的结构、功能和联系，还可以把理论和应用联结得很好。

根据模型实验中模型所代表和反映的方式可以分为三大类：物质模型方法、想象模型方法、数学模型方法。

运用信息技术进行模型实验的方法，可以更加充分、有效地发挥模型方法功能。透过计算机能够设计模型实验找出实验现象的主要特征及产生这些现象的条件，进而使模型实验得到更好的效果，再加上现在信息技术十分发达，应用信息技术可为生物模型方法带来空前的革命，从研究远古时代的无生命生物到现在复杂多变的生物体都可以透过计算机进行模拟实验来实现。

模型试验传统的手法再加上现代的信息技术和计算机的发展相结合，进而使模拟实验得到更好的发展。

模型试验方法，作为一种现代科学认知手法和思维方法，所提供的观念和印象，不仅是生物学者获得生物学信息的重要方式，而且是生物学者认知结构的重要组成部分。

小知识

法兰克林(1920年—1958年)，英国女生物学家。她是最早认定DNA具有双螺旋结构的科学家，并且运用X射线衍射技术拍摄到了清晰而优美的DNA照片，为探明其结构提供了重要依据，她还精确地计算出DNA分子内部结构的轴向与距离。因为诺贝尔奖不授予已逝世的科学家，法兰克林未能获得诺贝尔生理学或医学奖。

一巴掌拍下去 拍出伟大的罗伯特理论

罗伯特理论的具体内容就是：苍蝇的翅膀是苍蝇获得外部声音的途径。后来罗伯特针对这项结论又进行了系统的研究和实验，最终他发现苍蝇的翅膀和声音的频率有着十分密切的关系，因此他得出了一个结论：苍蝇的翅膀等同于人的耳膜所发挥的作用。

生物学家罗伯特正在实验室操作一系列的实验，突然一只苍蝇飞到实验桌上，四处爬动，干扰罗伯特的实验，心烦意乱的罗伯特下意识挥手驱赶令人讨厌的苍蝇，受到惊吓的苍蝇拍打着翅膀飞走了。

这时罗伯特注意到自己在距离苍蝇所在地五十公分的地方挥手，就能惊扰到苍蝇，吓得它飞走。苍蝇如此灵活的动作和敏锐的触觉顿时引起了罗伯特极大的兴趣，随后，他在记事本上记录下自己的疑问："苍蝇怎么会有如此敏锐的触觉？它靠什么来感应外界的波动呢？"

罗伯特为了证实自己的推断，他抓住几只苍蝇，分别对它们进行一系列小手术，他小心翼翼地将一只苍蝇的翅膀剪掉，放在桌子上，结果，无论罗伯特怎么拍打桌面，被剪掉翅膀的苍蝇都无动于衷。罗伯特为证明苍蝇是靠翅膀来感应外界波动这一论点，他又进行了一次实验，不同的是，他没有把苍蝇的翅膀剪掉，而是对苍蝇其他部位进行一系列手术，透过这次实验罗伯特证实了自己的推断，苍蝇是靠翅膀来感应外界波动的。

他还进一步研究苍蝇的翅膀对不同频率的声音的反应情况，从这个实验中，他发现了苍蝇的翅膀与声音频率有关系，进而得到一个结论：苍蝇的翅膀和人类的鼓膜一样，都有着放大声音的作用。

生物学家罗伯特的一巴掌竟然神奇般地发现了伟大的罗伯特理论，但是当时许多生物学家是不支持这一观点的，他们还是十分认同传统的观点，也就是苍蝇应该是和人类一样是靠耳朵这样的器官来听声音的。于是他们就想找到苍蝇的耳朵，但始终都没有找到，这令他们十分失望，而更加令他们失望的是没有翅膀的苍蝇听不到外部的任何声音。这无疑让他们开始怀疑自己坚持的观点是错误的，也就是罗伯特的观点是正确的，这个发现推翻了生物学家们一直信奉的经典生物学观点。

过去很多年，大家都十分信奉的生物学理论就是经典生物学理论，但是生物学理论只是在人类和高等动物范围内才能够成立，而在低等动物范围内，这种理论就派不上用场，所以这个时候就要借助罗伯特的生物学理论。

尽管罗伯特的许多理论还是有其不足的一面，例如当时他的研究仅仅是停留在声音学领域，对于低等动物的运动学问题就无能为力。针对这一缺点，他后来又进一步研究了低等动物的运动学问题，进而周全了他的研究。罗伯特的理论改写了生物学的研究历史，成为生物学史上一个伟大的成就之一，为生物学的发展乃至人类的发展做出了巨大的贡献。

小知识

伽伐尼(1737 年—1798 年)，意大利医生和动物学家。1762 年，他以《骨质的形成与发展》论文获医学博士学位。1791 年他把自己长期从事蛙腿痉挛的研究成果发表，这个新奇发现使科学界大为震惊。他对物理学的贡献是发现了伽伐尼电流。

微生物学检验
来自伟大看门人的发明

生物学上的一个巨大的进步就是微生物学的检验，这是一个与现代先进的科学技术结合在一起的一门学科。微生物检验使用的检验工具就是显微镜，由于细菌个体微小，肉眼根本就无法看到，只能借助于光学显微镜或者是电子显微镜来观察。

列文虎克画像

三百多年前，在荷兰代尔夫特市有位看门人，名叫列文虎克，一个偶然的机会他从朋友那里听说，荷兰最大的城市阿姆斯特丹有许多眼镜店，不仅出售镜片，还磨制放大镜。朋友神秘地对他讲："你知道吗？用放大镜可以看清楚很小很小的东西，真是有趣极了。"列文虎克非常感兴趣，他想："我的工作这么清闲，不如买一个放大镜回来，试试到底有多神奇。"

列文虎克来到了眼镜店，可是他一打听放大镜的价格，当场扫兴地说："太贵了！我收入微薄，买不起啊！"他叹口气准备离开，却又有些不甘心，便走到正在磨制镜片的师傅身边，细心地观察起来。这一看不得了，列文虎克信心重新燃起："看样子磨制镜片也不难，我不如回去自己磨一磨试试。"

列文虎克真是一位勇于探索和实践的人，他回去后，就开始了磨制镜片的工作，只要一有时间，他就耐心地磨呀磨。磨制镜片，不仅需要动手，还要结合一些科技数据，可是列文虎克没读过几年书，根本不认识用拉丁文著述的科技读物，所以他只好自己摸索。

经过多日辛苦努力，列文虎克终于磨制了一个小小的透镜。可是这个镜片太小了，不好用，爱动脑的列文虎克就做了一个架子，把小透镜镶嵌在上面，这样看东西方便多了。

后来，列文虎克不断改善自己的透镜，为了更清楚地看东西，他又在镜片下方安装了一块铜板，在铜板中间钻一个小孔，这样光线可以射进来反照在所观察的东西上。列文虎克当然没有想到，这将是他发明的第一部显微镜，放大能力超过了当时所有的显微镜。

列文虎克十分珍爱自己亲手制作的显微镜，用它观察各式各样的东西。他把自己的手指伸到镜片下，看清楚了粗糙皮肤的纹路；他把小蜜蜂放到显微镜下，看到蜜蜂身上细细的短毛，竟然像钢针一样挺立；他还抓来各种小动物，蚊子、蚂蚁、甲虫，观察它们的身体以及各个部位，当他看到放大的景象时，觉得奇妙极了。

显微镜下奇妙的世界迷住了列文虎克，渐渐地，他开始有了新的想法："如果有一个更大更好的镜片，一定可以看到更细微的地方，看到更神奇的东西。"列文虎克开始磨制新镜片，这次他更加认真，还辞去职务，把家里一间空房改做实验室，全心全意地投入到制作显微镜的工作中。

几年过去了，列文虎克制成的显微镜越来越多，越来越精巧和完美，已经能够把细小的东西放大到两三百倍！

说起来有意思，列文虎克制作显微镜的工作是秘密进行的，他把自己关在实验室里，不让外人进来，也不让他们参观自己的显微镜。从早到晚，他总是一个人默默地磨制着镜片，或者观察着感兴趣的东西。他在显微镜下，发现了一个神秘的新世界，获得了许多新知识。在干草浸泡液中，他发现了许许多多小生灵，这些小生灵是那么微小，却具有鲜活的生命，列文虎克称它们为"微动物"。

这时，有一个人幸运地成为列文虎克的好友，并有幸看到了显微镜。这个人是位名医，名叫格拉夫，他专程拜访列文虎克，当他观察了列文虎克的显微镜后，严肃地说："朋友，你做了件了不起的事情。你知道吗？你这是伟大的发明。你不能这么保密下去了，应该把显微镜和观察纪录送到英国皇家学会去。"

列文虎克有些迟疑，他抱起显微镜说："连显微镜也送去吗？"在他心里，显微镜是自己的心血结晶，是个人财富，他从来没有想到要把它公开。

格拉夫说："朋友，你必须向世界公开你的成果，这是我们人类的新发现，谁也侵占不了它。"

列文虎克终于明白了格拉夫的意思，也明白了显微镜的重要意义，他点头同意了。

英国皇家学会收到列文虎克的显微镜和观察纪录后，经过多方核查和验证，最终确认了他的成果。不久，列文虎克的记录被翻译成英文，在全世界引起轰动。从此，显微镜打开了微生物学研究的大门。

生物学上的一个巨大的进步包括微生物学的检验，而这种微生物学的检验不为人知的却是它的发现要归功于伟大的看门人的发明。

随着生物科学技术的不断向前发展，医学科学技术也在不断发展，在这个前提下，医学微生物检验技术获得了长足的发展，临床微生物学现在已经有很多新的技术和方法，研究也已经深入到了细胞、分子和基因水平。微生物学检验方法的出现无疑十分有利于临床医学的发展，利用微生物学的检验技术能够更加迅速而又准确地对一些微生物引起的疾病进行调查和研究，进而得出治疗的正确方法，这样就能够促进某些疾病治愈率的提高。因此不管是对于生物学还是医学，微生物学检验技术的发展都是一件值得欣喜的事情。

微生物学检验是一个与现代先进的科学技术结合在一起的一个学科，因为微生物检验必定要用到先进的检验工具，就是显微镜的观察。由于细菌个体微小，肉眼根本就无法看到，因此就要借助于光学显微镜或者是电子显微镜来观察。常用的显微镜有：普通光学显微镜、暗视野显微镜、相差显微镜、荧光显微镜、电子显微镜。利用这些先进的观察工具能够给生物学的研究提供更加真实的信息，进而促进生物学和临床医学的发展和进步。

小知识

萨姆纳(1887年—1955年)，美国生物化学家。1926年，他成功地分离出一种脲酶活性很强的蛋白质，这是生物化学史上首次得到的结晶酶，也是首次直接证明酶是蛋白质，推动了酶学的发展。由于脲酶和其他酶的研究，他于1946年获得诺贝尔化学奖。主要著作有《生物化学教本》、《酶的化学和方法》(与G·F·萨默斯合著)、《酶——化学及其作用机制》(与K·迈尔巴克共同主编)等，后两种已被译成俄文等其他文字。

爱睡觉的松树
阐明细胞学说

细胞学说的内容：生物是由细胞和细胞的产物所构成；每一个细胞的结构和功能基本相似；细胞有分裂的功能，进而不断产生新的细胞；细胞是生命体最基本的单位；细胞的活动能够反映生物体的活动；所有的疾病都是因为各式各样的细胞的机能失常；所有的细胞在一起组成一个统一而又不可分割的整体。

山坡上长着两棵树，一棵苹果树，一棵松树。他们是从小就生长在一起，关系非常得亲密。长大后，他们发现各自有很多不同的地方。

春天的时候，苹果树就会开出非常漂亮的花朵，而松树一年四季都长着绿绿地如针一般的叶子。苹果树看着自己漂亮的花朵，骄傲地对松树说："你看我的花多么美丽啊！你为什么就不开花啊？"

松树听到后，有点伤心。可是，他慢慢地闭上了眼睛，睡着了。因为他知道，他和苹果树是不一样的，他这样的生长速度可以帮他度过恶劣的环境。

夏天到了，苹果花儿凋零了，树上结满了苹果。苹果树非常高兴，她想和松树分享她的快乐。当苹果树终于把松树叫醒后，松树笑着说："你身上的苹果真好看，你真了不起！"说完后，他又继续着他的长眠生活。苹果树觉得松树可能是生自己的气，于是拼命道歉，可是松树像睡死一般，怎么也叫不醒了。

秋天来临了，苹果树上的苹果都掉光了，身上的叶子也逐渐凋落了。因为她抵抗不了寒冷的秋风，只好丢掉身上的果实，脱掉身上的叶子，也只有这样她才能储存足够的能量，为下一年春天的"复活"做准备。她看到身旁的松树，在寒风中叶子依然绿油油的，并且在向她微笑，可是她只能虚弱地沉睡下去。

一场大雪过后，厚厚的积雪为苹果树盖上了棉被，她醒来抬头看了一眼松树，他的叶子还是绿绿地，在雪的衬托下格外的漂亮。

到了下一年的春天，苹果树开始发芽了。她在这个冬天里想了很多，对松树和自己有了新的认识，她对松树说："你可以忍受那么寒冷的气候，一年四季你的叶子都是绿绿的，你真的很了不起。我现在都快到中年了，而你才刚刚开始。"

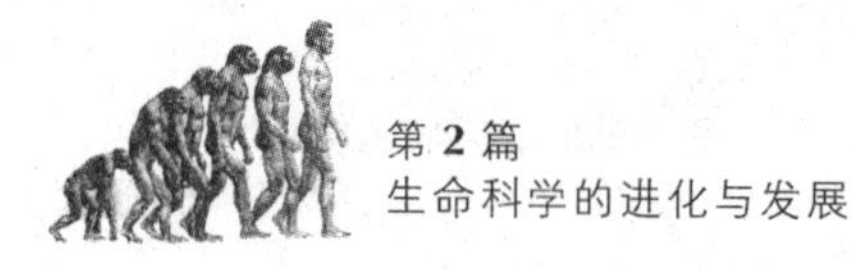

松树笑着说："我只是慢慢生长，缓缓更替，小心利用身上的能量。我的生存方式有点像动物界的乌龟，这样我可以活得很长。"

细胞学说的建立被誉为19世纪最重大的发现之一，而这一伟大学说的建立就像一棵爱睡觉的松树，也是通过生物学家们长期缓慢的研究才建立起来的。

德国的生物学家施莱登和生物学家施旺在1838—1839年间提出了细胞学说，这一学说直到1858年才得以完善。细胞学说的内容主要涉及以下几个方面：生物是由细胞和细胞的产物所构成；每一个细胞的结构和功能基本相似；细胞有分裂的功能，进而不断产生新的细胞；细胞是生命体最基本的单位；细胞的活动能够反映生物体的活动；所有的疾病都是因为各式各样的细胞的机能失常；所有的细胞在一起组成一个统一而又不可分割的整体。这些关于细胞的认知是生物学研究历史上一个巨大的进步。

细胞学说的建立其实是有基础的，1665年英国物理学家R·胡克发现细胞，从此之后生物学家们对动植物的细胞及其内容物进行了广泛的研究，累积了大量资料。这些数据都促进了生物学家们对细胞的深入认知，在这一背景下，施莱登在1838年提出了细胞学说的主要论点，第二年又经施旺加以充实和普遍化，创立了有历史意义的《细胞学说》，标志着细胞学说的正式形成。

细胞学说的建立是生物学研究史上的一大进步，它的出现证明生物在结构和功能上的统一性和进化上的同源性。这一学说不仅促进了生物学的发展，还促进了唯物论的发展。

小知识

让·亨利·卡西米尔·法布尔（1823年—1915年），法国昆虫学家、动物行为学家、文学家，被世人称为"昆虫界的荷马，昆虫界的维吉尔"。著有《昆虫记》，正如法国戏剧家罗斯丹所说，"法布尔拥有哲学家一般的思，美术家一般的看，文学家一般的感受与抒写。"

宠物老龟
见证达尔文的进化论

达尔文的进化论学说的主要内容有：在大自然中生物的生存空间和食物都是有限的，但是几乎所有的生物都会有繁殖过剩的倾向，这就要求生物体必须要学会为了生存而争斗的能力，这就是“物竞天择，适者生存”的基本雏形；还有就是生物体有着变异的性能，有些生物体会透过变异来适应环境的变化，进而让生物体朝向更高级的方向进化。

1835年，达尔文乘坐“猎兔犬”科考船来到加拉帕哥斯群岛。这里距离厄瓜多海岸大约950公里，是当时世界上火山最活跃的地区之一，它就像是被隔绝的天然实验室，无数海、陆生动植物共同生活在群岛上，构成了非常宝贵又罕见的生态系统。

达尔文登陆群岛后，立即被此地独特又繁多的生物种类吸引，并触发了关于进化论的灵感。他每日不停地观察和研究，发现岛上的动物与南美洲的十分接近，可是其中某些种类又有着奇特的变化。为什么会有这些“变化”呢？达尔文深深地思考，终于确定了在自然选择基础上的生物进化理论。他认为是进化的作用，让这些动物发生了奇特的变化。

群岛上生物种类太多了，不过达尔文最为着迷的是这里的象征性动物：象龟。这是一种巨大的陆生龟类，当地人告诉达尔文：“当你看到一只象龟时，就能判断出它从哪个岛上来的。”原来加拉帕哥斯群岛岛屿林立，不同岛屿的象龟形态各异。达尔文深深地迷恋上了象龟，与它们交朋友，并发现了各式各样的象龟。在群岛上停留一个多月后，达尔文依依不舍地准备返程回国，临走时，他舍不得丢下象龟朋友，带走了几只小龟。其中有一只小龟只有五岁，体型不过盘子大小，达尔文为它取名“哈里”。

哈里被带回英国后，被发现它不是“男孩”，因此改名叫哈丽雅特。哈丽雅特从此开始了自己充满传奇的一生。19世纪50年代，英国公务员约翰·威克姆前往澳大利亚工作，将哈丽雅特随身带走了。

在澳大利亚，哈丽雅特得到悉心照顾和养育，一天天长大了，长成与圆桌一

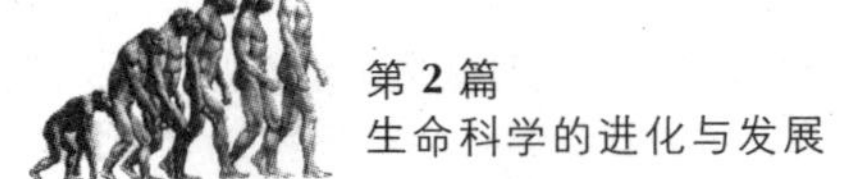

达尔文画像

般的模样，体重 150 公斤。哈丽雅特每天无忧无虑，从来不知道紧张和压力，生活得非常安闲自得，不知不觉度过了 170 个春秋，成为澳大利亚动物园的镇园之宝。

2005 年 11 月 15 日，澳大利亚动物园决定为哈丽雅特举行隆重的庆生会，庆祝这位名副其实的"老寿星"。"老寿星"的庆生会也让全世界为之心动，人们没有忘记，170 年前的今天，是伟大的达尔文将哈丽雅特带回英国，也是那个时候，达尔文初步确定了生物进化论思想。

达尔文的进化论学说至今都是生物学研究历史上一个里程碑似的成就，而一只宠物老龟的小故事也见证了达尔文的进化论。

达尔文的进化论初步形成于 1858 年，根源就是在伦敦林奈学会上达尔文与华莱士宣读了关于物种起源的论文，接着在 1859 年达尔文出版了《物种起源》一书，在这本书里，达尔文有条理地阐述了他的进化学说。

达尔文的进化论学说的主要内容有：在大自然中生物的生存空间和食物都是有限的，但是几乎所有的生物都会有繁殖过剩的倾向，这就要求生物体必须要学会为了生存而争斗的能力，这就是"物竞天择，适者生存"的基本雏形；还有就是生物体有着变异的性能，有些生物体会透过变异来适应环境的变化，进而让生物体朝向更高级的方向进化。

中世纪的西方，基督教《圣经》把世界万物描写成上帝的特殊创造物，这种观念在人们的脑海中也早已经是根深蒂固。15 世纪后半叶的文艺复兴到 18 世纪，是近代自然科学形成和发展的时期，这一时期有许多重要的生物学成果改变了人们脑海中对生物学的一些片面认知，直到达尔文的进化论的发现彻底颠覆了人们的观点。达尔文从生物与环境相互作用的观点出发，认为生物的变异、遗传和自然选择作用能导致生物的适应性改变。由于达尔文的观点有充分的科学事实做根据，所以能经得起时间的考验，百余年来对生物学界和人们的思想产生了深远的影响。

腐肉生蛆是最早进行的验证实验

在生物学的实验中会有很多的情况是已经有了一个科学的结果，而摆在生物学家面前的只是需要通过实验对这个结果的科学性进行验证，这种对已知结果进行验证的实验被称为是验证性的实验。

意大利医生雷第是一个生物爱好者。一天，他在书中看到一个很有趣的论文，文中说："有人说蛆是从腐肉中长出来的；又有人说是空气和腐肉一起的作用产生的蛆。"还有各种千奇百怪的说法。于是他想通过自己的实验，看看到底是什么产生了蛆这种奇怪的物种。

他等到炎热的季节——夏天，就开始了自己的实验。他的实验可以说非常简单，不过实验也是非常的严谨，而且他还是第一个运用对照实验的人。他的实验步骤是：把腐烂的死蛇、牛肉、青蛙，分别同等份放到了八个广口瓶里，不同的是，四个瓶子盖上盖子，四个瓶子作为对照，没有盖盖子。

几天后，他发现敞开口的四个瓶子里，有好多苍蝇进进出出的。而且开口瓶子里的腐肉和封闭口的腐肉颜色都不一样。后来，敞口瓶里的腐肉长出了蛆，而封口的没有长出来。但这还是不能证明，苍蝇和产生蛆，有什么必然的关联，对照实验还有一个不同的条件——空气。所以，他就把封口的四个瓶子的盖子去掉了，换成了纱布来封口。这样一来，空气的问题就解决了。被纱布封口的瓶子，也进不去苍蝇，过了很久还是没有生长出蛆来。之后他还抓蛆来养，它们最后都变成了苍蝇。

根据这些实验，雷第验证了腐肉中的蛆不是自发产生的，而是苍蝇生的卵变出

来的。

腐肉生蛆是一个大家都知道的生物学现象，人们都知道肉类放置的时间久了之后就会慢慢腐烂，但腐肉里的蛆，并不是由腐肉产生的。这个结果现在人人尽知，但古人却是通过反复实验，才得以验证这个事实的正确性，这种做法在生物学上就是最早的验证性质的实验。

验证性的实验需要一个已知的结论作为验证的基础，实验者结合一定的实验原理，采取合理的实验步骤进行科学的实验，最终保证验证性实验收到一个令人满意的结果。

进行验证实验要注意以下几点：

首先，要确定实验的目的和实验的原理。这是实验最基本的要求，这也是保证实验的针对性和有效性。

其次，要确定实验进行的步骤。这是为了保证验证实验的规范性，进而使验证取得更好的效果。

第三，要确定实验需要的材料和工具。在实验步骤基本确定之后，选择适当的材料和工具就显得格外重要，因为没有适当的材料和工具是不能够得出正确的结论的，正所谓"巧妇难为无米之炊"。

第四，预测实验结果，验证性实验由于有明确的实验目的，预测的结果应该是科学的、合理的、唯一的。不要追求面面俱到，更不要随心所欲。

第五，要区分实验中控制因素和可变因素，这能使实验更加具有说服力。

第六，要进行实验总结，结合实验目的得出结论。结论应该是合理的、科学的、肯定的。只要遵循验证性实验正确的方法，就一定能够得到理想的实验效果。

小知识

林良恭(1954年—)，中国台湾生物学研究者，台中县人，博士，东海大学生命科学系专任教授兼热带生态及生物多样性研究中心主任、嘉义大学森林暨自然资源学系兼任教授，著有《台湾的蝙蝠》(合著)、《自然保护区域资源调查监测手册》(合著)等书。

在东海大学生物学系取得学士学位(1977年)，在东海大学取得生物学研究所硕士学位(1982年)，在日本九州岛大学取得博士学位(1992年)。

1992年到1995年间在屏东县内埔乡屏东技术学院(现在的屏东科技大学)森林系专任教职。

1995年起在东海大学专任教职，直到现在。

伟大的胜利来自于一只鹅颈瓶

早期生物学家们比较信奉“自然发生论”，也就是说生物可以在自然的条件下产生出新的生命来，这种新生命的诞生并不需要生物本身或者是其他生物的参与。这种观点统治了生物学界许多年，直到巴斯德进行著名的鹅颈烧瓶实验，才改变这一观点。

生命起源是一个亘古未解的谜，关于生命的起源，西方流传最为广泛的一种说法就是生命是由上帝创造的，而在中国，则是盘古开天创造了生命，这种说法一直延续到19世纪，伴随着达尔文《物种起源》一书的问世，人们开始对生命起源的认知产生了质疑，并相继有人提出了不同的意见。

“自然发生论”便是在这种背景下被法国的一个叫普歇的著名博物学家提出来，为此他曾做过一项研究，在一个封闭的实验室里，把已经煮沸过的养料冷却以后放进一个瓶子里，不久他就发现瓶子里开始繁衍微生物，而在这之前，被煮沸的养料由于高温的缘故已经没有了生命存在的可能，所有微生物都是自然发生的。虽然他的这个发现引起了当时法国科学界和公众的强烈回响，但是却遭到以政府为首的保守派以及一直坚持上帝造人的天主教派的强烈反对，二者一致认为这种说法有悖于道德伦理，甚至被披上了浓重的政治色彩，说它反对宗教、反对政府，为此，法国科学院悬赏2 500法郎，重奖对“自然发生论”提出新见解的人。

巴斯德既是一个虔诚的天主教徒，同时又是一个对此类学说有着浓厚兴趣的人。为了解开这个谜底，巴斯德做了一个实验，首先他为这个实验特制了一个瓶子，瓶子的瓶颈是横着的，又细又长，并且还做了扭曲，其形状像是一个躺倒的S，世人称他的这个瓶子为“鹅颈瓶”，称他的这个实验为“鹅颈瓶实验”。

第一次，他把培养液装进瓶子里煮熟并冷却，瓶口不做任何处理，空气能够自由而入，但是空气中悬浮的微尘会在进入瓶口的时候沉淀在S底部，进而无法进入到培养液中去。经过一段时间观察，他发现培养液里没有任何微生物生存的迹象。第二次，他把瓶口打断，使空气带着悬浮的微尘能够自由地进入到培养液中去，观察结果与上次截然相反，很快培养液中就开始有微生物活动了。

通过这个实验，巴斯德发现，培养液中微生物不会自主发生，而是要依赖于空气中原本就有的微生物，即"孢子"，巴斯德得出的结论是"生命来源于生命"。

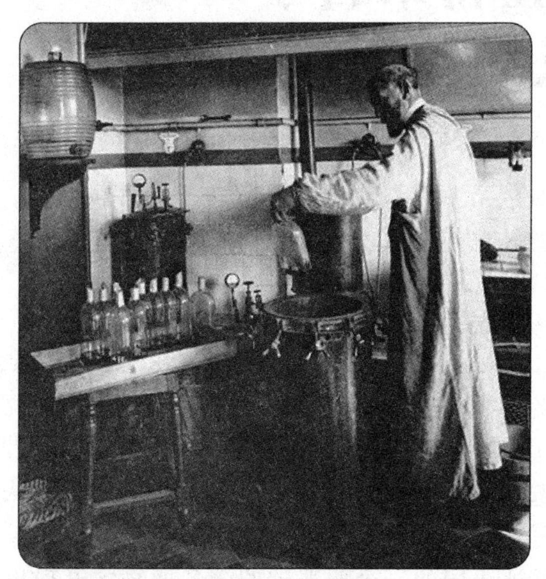

巴斯德为免疫学、医学，尤其是为微生物学，做出了不朽贡献，"微生物学之父"的美誉当之无愧。

不过巴斯德的胜利和普歇的失败也都不是绝对的，他们都认为无论是哪种材料经过高温，里面的微生物都会被杀死，其实不然，普歇所用的干草浸液中含有的孢子在120°的高温下根本死不了，并且在液体冷却以后能够复活繁衍。而巴斯德的实验报告也做得很片面，他揭示了对自己观点有利的部分，而忽略了绝大多数与自己观点相悖的地方。

19世纪60年代，法国微生物学家巴斯德进行的著名的鹅颈烧瓶实验获得了伟大的胜利。他仅仅利用两个不一样的瓶子的比对就得出了一个生物学界伟大的理论：非生命的物质不可能自发地产生新的生命，生物只能是源于生物。生物学界称这种观点为"生生论"，这种观点推翻了自然发生论。

生物产生新的生命都是由于生物本身的作用，而不是自然而然地就产生了一个新的生物。但是在巴斯德发现这个现象之前，生物学家们不是这么认为的，他们比较信奉的还是传统的"自然发生论"的观点，也就是说生物可以在自然的条件下产生出新的生命来，这种新生命的诞生并不需要生物本身或者是其他生物的参与，这种观点统治了生物学界许多年，一直到法国微生物学家巴斯德进行著名的鹅颈烧瓶实验。

鹅颈烧瓶实验中两个烧瓶其中一个是顶端开口，所以悬浮在空气中的尘埃和微生物能够进入，微生物在肉汤里得到充足的营养而生长发育，进而导致了烧瓶里的肉汤的腐败变质，而另一个烧瓶由于瓶颈拉长弯曲，空气中的微生物仅仅落在弯曲的瓶颈上，而不会落入肉汤中生长繁殖，所以很长时间后依然没有变质。这一明显的差别就说明了生物的产生肯定都是来源于生物的，没有生命的物质不可能自发地产生新的生命。

子承父业海门斯成就生理学经典方法

海门斯子承父业获得了很大的成就，其中他们所使用的两种动物实验制备也成了生理学和医药学的经典方法。例如，关于呼吸和血压的调节机理方面的实验，进而证明在呼吸和血压的调节机理中，除了直接作用于中枢外还可以作用于周边的反射功能。

科奈尔·海门斯从小在比利时民族文化中心之一的根特城生活，父亲是一位大学教授，一生致力于根特大学药物动力学与治疗学的研究。父亲所从事的科学研究潜移默化地影响着海门斯，使他对生物学产生了很多疑问与好奇，之后便是不厌其烦地缠着父亲问东问西，而父亲也欣喜于海门斯的这种学而不厌的精神，总是尽可能全面而科学地回答他的问题。

一次，父亲带着海门斯去海边散步，看着波涛汹涌的大海，海门斯想到潜水员在大海里随着波浪起伏的画面，忽然他的脑海里就浮现出一个疑问，他问父亲："潜水员在潜入大海的时候，都要做深呼吸，这样在水下待的时间就会长一些，这是为什么呢？"

"人体的新陈代谢就是呼出二氧化碳，吸入氧气，多做深呼吸，是为了让血液中多储存氧气，减少二氧化碳之类的废气。血液里有了足够氧气，呼吸的频率可以减缓，甚至还可以适当地暂停片刻，这样潜水员在水下就可以多停留一些时间。"

听了父亲的解释，海门斯依然有些一知半解，他继续向父亲问道："那为什么到最后浮出水面的时候，会出现胸口闷、心跳加速的现象，是不是氧气已经用完了，必须要浮出水面呼吸新的氧气呢？"

"孩子，这是生理学中一个伟大的领域，里面有很多神奇与奥妙，要想探索，就必须有顽强的毅力和必胜的信念，你有这个准备吗？"

海门斯非常坚定地点了点头。

父亲耐心细致的解说从各方面引导和培养着海门斯的兴趣，在海门斯长大以后，他还建议海门斯到欧洲各个国家游学，使海门斯受益匪浅。后来，海门斯在根特大学读完医学博士学位之后，便跟父亲一起合作进行科学研究。

一战爆发，海门斯决定弃笔从戎，那时他在部队担任炮兵军官，在战斗中他充

分发挥了顽强奋斗英勇善战的本色，多次荣立战功。

战争结束后，带着多枚勋章从战场上凯旋而归的海门斯又重新投入到与父亲的科学实验中。在实验里，他们父子俩成功证明颈动脉窦和主动脉弓的内壁有压力传感器，颈动脉体和主动脉体中有化学感受器，这两者能够充分感受到血压和血液中化学成分的变化。同时他们还在实验中证明呼吸的作用，它除了能够调节血压的功能，对中枢能够产生直接的作用之外，而且还有周边反射功能，尤其重要的是周边的化学性反射功能。

他们父子的这一重大发现轰动了世界生理学界和药理学界，1930年，海门斯被聘为根特大学药物动力学和药理学系的主任教授和根特大学海门斯研究所所长。1933年至1935年期间，他相继发表了《颈动脉窦》和《呼吸中枢》。从那时起，各种荣誉便接踵而来。

1938年，海门斯荣获诺贝尔生理学或医学奖。

海门斯子承父业获得了很大的成就，其中他们所使用的两种动物实验制备也成了生理学和医药学的经典的方法。海门斯自小在父亲的影响下对生物学研究充满了兴趣，他们父子两人的合作为生物学研究做出了不可磨灭的贡献。

生理学经典方法在生物学研究上是一个十分广泛的概念，海门斯与他的父亲进行了许多关于这方面的实验。在这些实验中都有关于生理学经典方法的表现，他们的成就轰动了世界生理学界和药理学界，也促进了生理学经典方法的发展和在生物学研究上的应用。

生理学经典方法的出现，促进了许多过去无法进行的实验的发展，于是就证明许多过去无法证明的生物学正确的理论，所以生理学经典方法的出现促进了生物学研究的巨大进步。

小知识

康拉德·劳伦兹(1903年—1989年)，奥地利动物行为学家，现代行为生物学的奠定人。1935年提出"印记学习"这一新的学习类型，认为动物的行为是对环境适应的产物，并创立了欧洲自然行为学派。著作有《动物和人类行为的研究》、《所罗门王的指环》、《行为的进化和变异》等。1973年由于对动物行为学研究方面开拓性的成就而获得诺贝尔奖。

军舰鸟超人的捕猎本领
来自体内强大的生物电

生物体中的每一个细胞都可以称得上是一个微型的发电机。电荷存在于每一个细胞中，正电荷存在于细胞膜内部，而负电荷存在于细胞膜外部。正是因为细胞膜的内外钾、钠离子分布不均匀使得细胞产生了生物电。

在辽阔的大海上，飞翔着一种鸟类，它全身羽毛主要为黑色，带有蓝绿色的光泽。它的双翅展开可以达到2～5尺，又长又尖，极善飞翔，它的双翅可以让它在空中盘旋几个小时甚至几天，而不需要拍动翅膀。它飞行高度可以达到1200尺，而飞翔时速可以达到400公里左右，仅它的嘴就有12公分长，捕捉猎物时，它的利嘴便是一个有利的武器。由于这种鸟有着凶猛的掠夺习性，因而人们称它为“军舰鸟”。军舰鸟外表凶猛，如果它要捕食的话，便瞄准了猎物，从高空直接俯冲而下，迅速地用它那12公分长的尖嘴捞起海里的猎物，然后又飞快地返回高空，全过程能做到滴水不沾，堪称完美。

虽然军舰鸟有着极佳的捕捉本领，但是它很少亲自捕捉猎物，而是利用自己独一无二的“威慑力”来恐吓那些捕捞到鱼类的海鸟，白天时，它看似在空中翱翔，其实是在窥探猎物。它们既能在高空翻转盘旋，也能快速地直线俯冲，它们正是凭借这种高超的飞行技艺袭击那些以海洋鱼类为生的其他鸟类。

很多以海洋鱼类为生的海鸟都是它恐吓的对象，当那些鸟儿从大海里叼起海鱼飞向空中时，它便拍着巨大的翅膀猛冲过去，飞行中带动的气流会吓得那些海鸟惊慌失措，进而丢掉嘴里的猎物，仓皇逃窜。在被军舰鸟跟踪的海鸟里，最倒霉的当属鹈鹕、鸬鹚、鲣鸟，有时军舰鸟用力衔住鲣鸟的尾部，而疼痛难忍的鲣鸟只顾逃命，不得不放弃嘴里的鱼，这时军舰鸟便松开利口，冲着直落的猎物截击而去，以迅雷不及掩耳的速度接住吞到腹中。

像独占山头的绿林好汉一样，每只军舰鸟都有专属于自己的领地，其他军舰鸟不得进入，不过军舰鸟怎么也算不上是一个正人君子，它们经常发生内部纠纷。比如会从同类那里衔来树枝添补自己的巢穴，甚至有时还会顺手牵羊掳走年幼的军

丽色军舰鸟

舰鸟当做盘中餐。

鉴于军舰鸟的这些不道德的做法，它还有另外一个外号，叫做“黑色的海盗”。不过它的很多捕食的习性是由身体结构所决定的，它翅膀很大，但是身体却很小，不能像别的鸟类一样深入海里去捕鱼，它自己能够捕捞的只是海面上漂浮的一些死鱼和水母一类的软体动物。

为了弥补这一缺憾，它便在大海上袭击其他鸟类，截击它们的食物，久而久之，就变成了名副其实的“海盗鸟”。

军舰鸟超人的捕猎本领并不是来自于人们所想象的一种超能力，而是来自于体内的强大的生物电。众所周知，细胞是我们身体最基本的单位，而从电学的角度而言，细胞也是一个生物电的基本单位，它们还是一台台的“微型发电机”呢！一个活细胞，不论是兴奋状态，还是安静状态，它们都不断地发生电荷的变化，科学家们将这种现象称为“生物电现象”。

生物学上关于生物电的一个普遍被认同的观点就是生物体中的每一个细胞都可以称得上是一个微型的发电机。电荷存在于每一个细胞中，正电荷存在于细胞膜内部，而负电荷存在于细胞膜外部。正是因为细胞膜的内外钾、钠离子分布不均匀使得细胞产生了生物电。

在人体中，几乎每一个生命活动都与生物电有关。例如，外界的刺激、心脏跳动、肌肉收缩、眼睛开闭、大脑思维等都有生物电的存在。其他的动物，如军舰鸟，它的“电细胞”非常发达，它的视网膜与脑细胞组织构成了一套功能齐全的“生物电路”，电流、电压相当大，所以它们捕猎从不失手。植物体内同样有电，我们知道的含羞草会“害羞”也是由于“生物电”引起的作用。此外，还有一些生物包括细菌、植物、动物都能把化学能转化为电能，发光而不发热，特别是海洋生物，一到了晚上，在海洋的一些区域，由于“生物电”的作用而形成极为壮观的海洋奇景。

随着科学技术的日益进展，生物电的研究有着很大的进步，生物电产生原理，特别是膜离子流理论的建立都有一系列的突破。在医学应用上，利用器官生物电的综合测定来判断器官的功能，给某些疾病的诊断和治疗提供了科学依据，进而使更多的患者得到了治愈。

柳树长大瓦盆不变的实验开创定量法研究先河

定量分析法是化学分析中用得最多的方法，就是对已知成分的物质的量进行测定的分析，通常用的是定量分析法。在定量分析法中还有一个重要的特征就是用到各种指示剂。定量分析还有很多物理方法，通常是对微量元素进行分析的时候才能用到。

早在17世纪初，人们就开始在关于植物光合作用的研究中，采用了定量法的研究手法。定量法研究是指确定事物某方面量的规定特征的科学研究，主要搜集用具体的数字表示的数据或信息，并对所得到的数据进行量化处理、校对和分析，进而获得有意义的结论的研究过程。定量的意思就是说以数字化符号为基础去测量。

当时有一位比利时的医生就用定量法做过一个有趣的实验，他的名字叫赫尔蒙特，为了验证植物在生长的过程中能够消耗多少土壤，他在实验之前，把采集的干燥土壤装进花盆里，并称好了重量，记在实验记录上，干燥土壤的重量是90.8 kg，他又剪了一段柳枝，称好柳枝的重量是2.27 kg，然后把柳枝插进花盆里。

一切准备就绪以后，他开始实施自己的实验计划，此后他的花盆里不再增加任何的物质，包括肥料和其他有机物，只往里面浇点雨水。

五年以后，当时的一段柳枝已长成柳树，当赫尔蒙特再次称其重量的时候，柳树已经是重达76.86 kg，而盆中的土壤也只是减少了千分之一，柳树增加的重量远远大于土壤减少的重量。从这个实验中，赫尔蒙特得出的结论是：促使柳树生长的主要条件是温度和水，并不是土壤。

关于这个结论是否科学暂且不讨论，重要的是赫尔蒙特的实验开启了定量法研究的先河，这个实验创造了定量法的雏形，而后来真正更为严格细致的定量法便是由此繁衍开来的。

柳树长大瓦盆不变这个大家都知道的道理曾经掀起了关于定量法研究的热潮。柳树是一个生命体，当然会一点点长大，而种树的盆子却是一个无生命的东

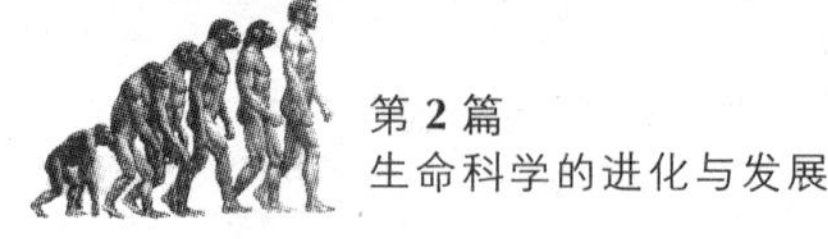

西，所以不会生长。而在生物学家的思想里，他们却能把这个例子与定量法研究联想在一起，进而开创了定量法研究的先河。

定量分析法是化学分析中用得最多的方法，就是对已知成分的物质的量进行测定的分析，通常用的是容量分析法。这种在化学分析上使用的分析法同样是生物学研究的重要方法。

在定量分析中要精确地确定所分析的成分的含量，所以在进行实验和分析的时候要进行量的控制才能够成功。正因为如此，在很多的实验中要借助于滴管进行计量，这样就保证了对量的准确控制。

在定量分析法中还有一个重要的特征就是用到各种指示剂，没有这些指示剂的配合，生物学的一些实验就可能会因为不确定的元素含量而失败，而在生物学的研究里就需要确定生物学实验的目的以及各种材料才能够更加明确地得到生物学信息。

关于定量分析还有很多物理方法，不过物理方法会有一定的局限性，物理方法通常是对微量元素进行分析的时候才能用到，而且物理方法需要耗费很多的资金，所以一般情况下生物学并不采用这种方法。

小知识

弗洛伊德(1856年—1939年)，奥地利精神病医生，精神分析学派的创始人。他深信神经官能症可以透过心理治疗而奏效，曾用催眠治病，后创始用精神分析疗法。著有《梦的释义》、《日常生活的心理病理学》、《精神分析引论》、《精神分析引论新编》等。

第二次世界大战炮火轰断光合碳循环的研究和发现

二氧化碳转化为糖或其磷酸酯的基本途径就叫做光合碳循环。它分为三个部分：第一个是羧化作用；第二个是还原作用；第三个是 CO_2 受体 RuBP 的再生。

卡尔文生于美国尼苏达州，一生主要致力于研究光的合成、化学演变和生物物理学，1961 年获诺贝尔化学奖，是美国著名的生物学家。

卡尔文从小就勤奋好学，到中学毕业时，已能借助自己获得的丰厚奖学金进入到密西根矿业技术学院，主攻化学，从此便开启了他的化学之路。

勤奋刻苦和前辈们的宝贵经验是他学习过程中的两大法宝，密西根矿业技术学院毕业以后，他取得物理学学士学位，此后又在明尼苏达大学继续了四年的化学研究，主要从事催化剂方面的研究，后来又到了英国的曼彻斯特，跟随麦可尔·波拉尼教授，在以前的专业水平上又进修了两年，这时的卡尔文已经对研究光合作用产生了浓厚的兴趣，并在此领域小有成就。

1937 年，他接受美国物理化学家路易斯的邀请，回到美国加利福尼亚大学的伯克利分校任教。在他开始着手研究光合作用中的催化时，第二次世界大战的炮声打响了，卡尔文不得不停止研究，把精力投入到战斗中去。

战争中的卡尔文放弃了自己的研究课题，和其他同事一起受命开始研究有助于战争的实验课题，针对伤员的具体情况，他们研发并合成了一种含有钴的络合物，这种物质与血红蛋白有着相同的功效，能够在血液里运输氧气，在抢救伤员的过程中广泛被用于代替血浆。除此之外，他还相继成功把钚与铀分离开来，并找到了钚的提纯办法，这个重大科学研究成果后来被列为美国原子能委员会用于研究和制造原子弹的“曼哈顿”计划。

八年以后，第二次世界大战结束了，卡尔文和他的同事们又重新回到了实验室，继续他们的光学实验。卡尔文和一个叫本森的伙伴利用当时已经成熟的 C^{14} 同位素示踪技术以及纸层析技术，研究植物在光合作用下的二氧化碳同化过程。

他们把小球藻和栅列藻等藻体植物放进密闭的容器里，然后往容器里注入二

氧化碳，继而把藻类里的细胞用高温乙醇杀死，使细胞酶变性失效，停止一切化学反应，然后提取的溶液分子双向纸层析法进行分离，最后将 X 光线感光底片与层析滤纸紧贴在一起，经过几天时间之后，当底片显像时，斑点的射线使它们作为暗区域呈现出来，并与已知化学成分进行比较。

从这个实验中他们得出了从二氧化碳到六碳糖的各主要反应步骤，他们把这个研究成果总结为“光合碳循环”。后来，人们为了纪念卡尔文，也把这个循环称之为卡尔文循环。

二战炮火并没有中断卡尔文的生物学研究，1946 年开始，卡尔文及其同事就应用新的生物学研究工具，并结合纸层析技术，研究了小球藻、栅藻等进行光合作用时碳同化的最初产物，进而发现了光和碳循环的存在。

二氧化碳转化为糖或其磷酸酯的基本途径就叫做光合碳循环，光合碳循环又被称为卡尔文循环、还原戊糖磷酸循环、还原戊糖磷酸途径。

绿色植物、蓝藻和多种光合细菌中都有着明显的光合碳循环。生物体除了光合碳循环之外还有很多碳同化的途径，通过这些碳同化的途径实现了生物体的碳循环。

光合碳循环的步骤可以分为三个部分：第一个是羧化作用；第二个是还原作用；第三个是 CO_2 受体 RuBP 的再生。在光合碳循环中的诸多作用的共同作用下，生物体得以正常地吸收营养，进而进一步进行成长和发育。

光合碳循环的研究和发现是生物学研究历史上一个伟大的成就，它让我们更加清楚地认识了自然界的生物本质和特性，促进了生物学研究的发展和不断进步。

小知识

切赫(1947 年—)，美国生物化学家。他于 1981 年后全力投入到 RNA(核糖核酸)分子催化功能的研究中，并发表了阿尔德曼的研究成果和学说，提出用分子层次上的化学理论来解释 RNA 分子的自我催化机理。1989 年，他和阿尔德曼共同获得了诺贝尔化学奖。

种豌豆的神父种出了遗传定律

孟德尔的遗传定律从宏观上讲可以分为两大种类，一种是分离定律，另一种就是自由组合定律。在生物体中决定某一种性状的成对遗传因子，在减数分裂过程中，产生数目相等的、两种类型的配子，并且能够独立地遗传给后代。

孟德尔，1922年出生于素有“多瑙河之花”美称的奥地利西里西亚德语区，在他还是少年时，村里来了一个名叫施赖伯的人在这里开办果树栽培培训班，指导和传授当地人嫁接栽培各种果树的技术。那时的孟德尔就对这种技术表现出浓厚的兴趣和超凡的记忆力，施赖伯看出这个孩子的天分，就建议他的父母把他送到更好的学校进行专业培训。

虽然有人指点，但是此后的道路对孟德尔来说并非一帆风顺，由于家庭条件有限，他几乎是贫困潦倒的读完了大学，随后为了生存的需要，他被迫走进了修道院，当了一名神父。一个偶然的机会，他被修道院送到维也纳大学继续进修，希望他能够得到一张正式的教师文凭。在维也纳读大学期间，他主要进修了物理学、化学、动物学、昆虫学、植物学、古生物学和数学。在此同时，他还受到当时一些著名的学者和科学家们的影响，知道了遗传规律不是用精神本质决定的，也不是由生命力决定的，而是通过真实的实践经验得来的。

1953年，31岁的孟德尔回到了修道院，也就从那时起，孟德尔决定将自己的一生都致力于生物学方面的研究。

第二年的夏天，孟德尔准备了34个豌豆，开始了他的研究工作。这34个豌豆粒外形奇特，形状各异，为了防止它们在培育的过程中特性发生变化，孟德尔还特意把这些豌豆粒先种植了两年，最后挑选出22个有明显差异的种子来培育植株。

挑选完品种以后，孟德尔开始进行杂交试验，他把高的和矮的杂交，把表面光滑的跟表面粗糙的杂交，把颜色不同的豌豆杂交，同时他还把开花部位不同的豌豆进行杂交。孟德尔之所以这么做，就是想透过杂交之后的豌豆，发现出控制这些性状在杂交后代中逐代出现的规律。

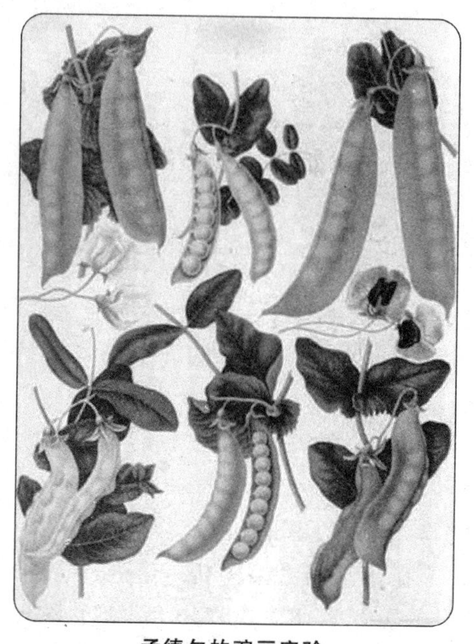
孟德尔的豌豆实验

孟德尔的这个实验进行了8年，一共培育了28 000株植株，在这项试验中，他获得了大量宝贵的资料。这些数据显示，第一代杂种会表现出亲本一方的性状，光滑的与粗糙的豌豆杂交，得到的是光滑的豆粒，而如果让第一代杂种自交，便会得出两种结果，既有光滑的也有粗糙的。这也就是说，在 F_1 代只出现一种性状，而在 F_2 代中亲本双方的性状都将出现。孟德尔又开始继续实验，并且从单变化因子的实验到多变化因子的实验，用假定的办法一步步解开了谜团。从他的实验中，后人总结出两条定律：一是分离定律，二是自由组合定律。

但是他的这一重大发现却被忽略了，没有得到肯定与重视，直到30年以后，被三位植物学家独立审核，他的科研成果才又重新得到肯定，而他的论文也被公认为开辟了现代遗传学。

众所周知，孟德尔利用豌豆得到了遗传定律，这一个伟大的发现是生物学研究历史上重要的一个成就之一。自从生物学界有了孟德尔的遗传定律，人们就更加清楚地了解了生物学。

孟德尔的遗传定律从宏观上讲可以分为两大种类，一种是分离定律，另一种就是自由组合定律。

分离定律的实质是：在生物体中决定某一种性状的成对遗传因子，在减数分裂过程中，彼此分离，互不干扰，这样就使得在配子中只具有成对的遗传因子中的一个，进而产生数目相等的、两种类型的配子，并且能够独立地遗传给后代。这个分离定律后来又经过了许多生物学家的实验验证，认为是十分正确的一个结论。

自由组合定律是孟德尔遗传规律中的另一个伟大的发现，在得出了分离定律之后孟德尔又接连进行了两对、三对甚至更多对相对性状杂交的遗传试验，进而又发现了第二条重要的遗传学规律，即自由组合定律，也有人称它为独立分配定律。自由组合定律是指：在两对相对性状中，一对相对性状的分离与另一对相对性状的分离无关，二者在遗传上是彼此独立的，当然这也适用于三对或者是三对以上的相对性状，就是说N对相对性状的等位基因，既能彼此分离，又能自由组合。

坐在大秤里的科学家
称量新陈代谢

新陈代谢是指在生命活动过程中不断与外界环境进行物质和能量的交换，以及生物体内物质和能量的转化过程。

桑托里奥是科学家伽利略的朋友，当他看了伽利略带着自己的新知识观点和新的发明来到帕多瓦“布道”的场面时，深受启发。他不仅认同伽利略的观点，还坚定地相信测量的时代真的到来了。为此，桑托里奥发明世界上第一支体温计，还发明测量心率的摆锤，并骄傲地宣称，他的“脉搏计”可以“使脉搏具有数学上的确定性……而非捏造或推测的。”

桑托里奥如此骄傲并非没有道理，为了测量体重变化，桑托里奥还野心勃勃地制造了一个像小木屋大小的秤。他每天都要坐在这个大秤中，秤自己的体重，测量自己体重的变化，如此日复一日，竟然坚持了30年！

有人不解地嘲笑他：“你坚持如此不可思议的举动，到底想要得到什么？”

他的回答很坚决：“想要得到测量的结果。”

桑托里奥的苦行终于换来了丰硕的成果，他发现一旦将身体的某部分直接暴露于空气中，即使不进食、不排泄，体重也会发生变化。这是什么原因造成的呢？

经过分析，他认为这是由“不可见的出汗”造成的，人体有一个排泄和吸收的系统，这个系统调节着人的体重。

这看似无关紧要的发现，对生物学发展却有着非常重要的作用，因为人体新陈代谢的秘密就这样被第一次抓住了。顺藤摸瓜，人们逐渐揭开

伽利略在1609年亲手制造望远镜，并用它来观察星空，发现了许多以前不为人知的秘密。

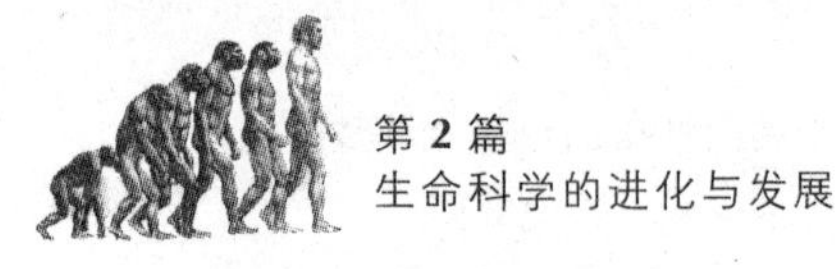

了生物新陈代谢的秘密，为推动生命科学的发展，开了一个好头。

新陈代谢包括物质代谢和能量代谢两个方面。

物质代谢是指生物体与外界环境之间物质的交换和生物体内物质的转变过程；能量代谢是指生物体与外界环境之间能量的交换和生物体内能量的转变过程。

在新陈代谢过程中，既有同化作用，又有异化作用。

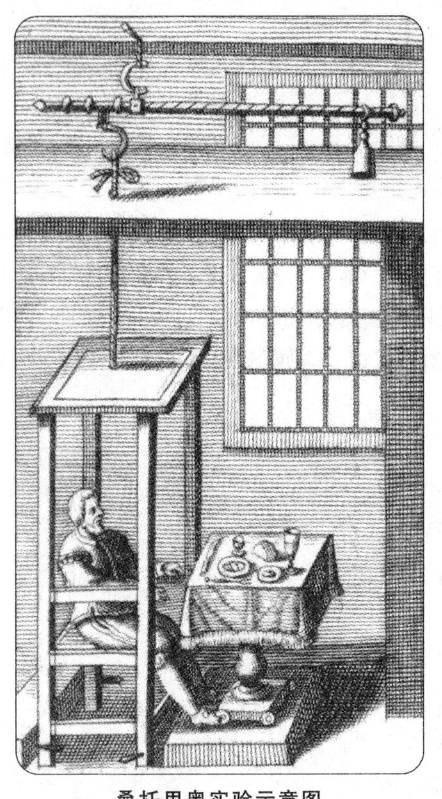

桑托里奥实验示意图

同化作用，又叫做合成代谢，是指生物体把从外界环境中获取的营养物质转变成自身的组成物质，并且储存能量的变化过程。

异化作用，又叫做分解代谢，是指生物体能够把自身的一部分组成物质加以分解，释放出其中的能量，并且把分解的终产物排出体外的变化过程。

新陈代谢的特点是在身体无知觉情况下片刻不停地进行的体内活动，包括心脏的跳动、保持体温和呼吸。

新陈代谢受年龄、身体表皮、性别、运动等因素的影响。一个人越年轻，新陈代谢的速度就越快，这是身体在生长造成的，尤其在婴幼儿时期和青少年时期速度更快。身体表皮面积越大，新陈代谢就越快，两个体重相同外表不同的人，身高矮的会比身高高的新陈代谢慢一些，这是因为身高高的人表皮面积大，身体散热快，所以需要加快新陈代谢的速度产生热量。通常，男性比女性的新陈代谢速度快，这是由于男性身体里的肌肉组织的比例更大，肌肉组织即使在人休息的时候也在活动，而脂肪组织却不活动。还有，剧烈的体育运动过程中和活动结束后的几个小时内都会加速身体的新陈代谢。

在父亲花园中长大的木村资生创建中性学说

分子水平上大多数的突变是中性的或者是近似于中性，这些突变在一代又一代的进化与发展中有的被保存了下来，有的趋于消失，进而形成分子水平上的进化性变化，这就是生物学上的“中性学说”，也可以叫做“中性突变的随机漂变”。

木村资生，中性学的创始人，进化生物学家。他在遗传学上之所以会取得如此的成就，基本上是受到父亲的影响。他的父亲是一个喜欢花草树木的商人，闲暇的时间经常用来照顾自己种植的花花草草。

木村资生上中学时，曾经患过一次严重的食物中毒，身体虚弱到了极点，于是听从医生的建议休假在家。他每天看着父亲精心修剪那些草木，听父亲讲解草木的特征和习性，逐渐对此产生了兴趣。也正是他对植物的浓厚兴趣，他的一个老师便极力建议他学习植物学。

方向与目标是前进的动力，中学毕业以后，木村资生便以优异的成绩考取了名古屋第八国立高等学校理科班，在植物形态学教授熊泽的指导下开始全心全意地学习植物学，并由此开始慢慢向植物遗传学发展。木村资生对于遗传学的喜爱简直到了痴迷的程度，在跟随熊泽在细胞学实验室学习的时候，他大部分时间都用来参加农学院遗传学系木原均的实验讨论会，木村在这里学习了生物统计学、机率论、数理统计和热力学，并认为遗传学和生物统计学最后能够有机地结合起来。

大学毕业后，木村资生便开始一边致力于遗传学中的理论工作，一边跟随木原均进行核质关系的研究。木原均在研究中发现，一个品种中的染色体能够被另一品种中的染色体取代，在他的指导下，木村开始研究这些品种在经过一定次数的回交，其母体中原有的染色体还能保留多少。在这项实验中，他充分利用学过的数学知识，罗列了一个积分方程式，把最后所得到的每一次的回交数据与分布规律之间的关系排列出来，并把这个实验结果写成了一篇论文，发表在《细胞学》杂志上。

通过对《孟德尔群体的进化》的学习，木村发现可以用数学方法处理小团体中的随机漂变问题，并以此提出了“中性突变——随机漂变假说”即中性学一说。

1954年至1956年,他与克劳博士合作,给出了有限群里中性等位基因随机漂变过程的完美解答。

日本遗传学家木村资生是生物学界的一个很有成就的人,从小在花园中长大的他在生物学研究史上首次提出了"中性学说"。在他提出这一著名的理论之后,美国学者J·L·金和T·H·朱克斯又用大量分子生物学的数据证明这一学说的正确性。

20世纪50年代以来,生物学有着突飞猛进的发展,科学家先后弄清楚许多生物大分子的一级结构,之后科学家们又发现了分子进化至少有三个显而易见的特点:一是分子的多样性程度高,分子多态更为丰富;二是各种同源分子的选择大都是中性或近中性的,它们的特征就是都有比较高级的结构和功能;三是生物能够从低级向高级演化。而在此研究发现的基础之上,木村更加迈进了一步,他通过一连串的研究与证明提出了分子进化的中性学说,进而合理地解释了分子进化的多种现象。

后来经过进一步研究,木村资生又证明,遗传漂变并不限于小团体,对任何一个大小一定的群体,都能通过遗传漂变引起基因的固定,进而导致发生进化性变化。

小知识

华莱士(1823年—1913年),英国博物学家和动物地理学家,解释生物进化的自然选择学说的创始人之一。著名的《联合论文》,奠定了科学进化论的基础。华莱士对动物地理学也有重要贡献,提出"东洋区"与"澳洲区"的分界线,世称"华莱士线"。主要著作有《亚马逊地区旅行记》、《对自然选择学说的贡献》、《动物的地理分布》和《达尔文主义》等。

偷尸体的学生发现血液循环规律

血液循环理论指的是，人类血液循环是封闭式的，是由体循环和肺循环两条途径构成的双循环。血液循环的主要功能是完成体内的物质运输，血液循环一旦停止，身体各器官组织将因失去正常的物质转运而发生新陈代谢的障碍。

维萨里是16世纪伟大的医学家，他在巴黎求学时，每逢解剖课，教授都是高坐在椅子上讲课，助手和匠人在台下操作，而且一年内最多只允许进行三到四次解剖。维萨里不满足于这种现状，为了学习解剖，只好夜间到野外偷窃绞刑架上的犯人尸体进行解剖研究。

中世纪的解剖手术

有一次，他将一个死人头骨藏在大衣里，悄悄带进了城，并把它放在自己的床底下，有空就拿出来钻研。更令人惊讶的是，他还带领学生盗古墓，试图找到尸体进行解剖。自然，这些“异端”行为触怒了宗教，引起宗教人士的强烈不满，他们联合起来，最终将这个有着怪僻的“异端”分子赶出了法国。

维萨里当然不甘心就这样失去研究人体解剖的机会，后来

他听说意大利的帕多瓦大学有欧洲最好的解剖教室，于是他就跑到那里去碰运气。他找到那里的导师们虚心请教，最终得到了导师们的认可，把他留了下来，使他得以继续研究他最爱的人体解剖学。

1543年，他将工作中累积起来的资料整理成书，公开发表。这本书就是《人体构造论》。在这本书中，他第一次遵循解剖的顺序描述人体的骨骼、肌肉、血管和神经的自然形态和分布等。

这一论述，立即引起了人体解剖学的轰动，虽然维萨里也同样受到当时保守派的指责，但他的学生们却继承了他的衣钵，在他的研究基础上，大力发展了解剖学。

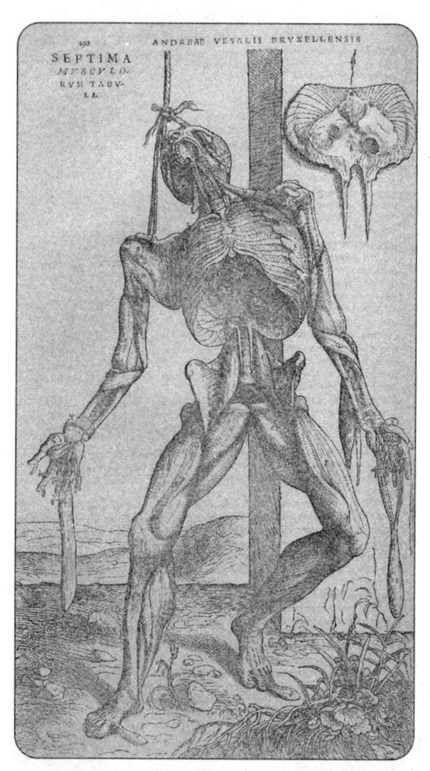

维萨里的《人体构造论》一书中包含了许多杂乱又详细的人体解剖图，经常摆着讽喻的姿势。

血液循环理论指的是，人类血液循环是封闭式的，是由体循环和肺循环两条途径构成的双循环。血液由左心室流出经主动脉及其各级分支流到全身的微血管，在此与组织液进行物质交换，供给组织细胞氧和营养物质，运走二氧化碳和代谢产物，动脉血变为静脉血；再经各级静脉会合成上、下腔静脉流回右心房，这一循环为体循环。血液由右心室流出经肺动脉流到肺微血管，在此与肺泡进行气体交换，吸收氧并排出二氧化碳，静脉血变为动脉血；然后经肺静脉流回左心房，这一循环为肺循环。

血液循环路线可以做如下表示：左心室→(此时为动脉血)→主动脉→各级动脉→微血管(物质交换)→(物质交换后变成静脉血)→各级静脉→上下腔静脉→右心房→右心室→肺动脉→肺部微血管(物质交换)→(物质交换后变成动脉血)→肺静脉→左心房→最后回到左心室，开始新一轮循环。

血液循环的主要功能是完成体内的物质运输。血液循环一旦停止，身体各器官组织将因失去正常的物质转运而发生新陈代谢的障碍。

同时体内一些重要器官的结构和功能将受到损害，尤其是对缺氧敏感的大脑皮层，只要大脑中血液循环停止3～4分钟，人就丧失意识，血液循环停止4～5分钟，半数以上的人发生永久性的脑损害，停止10分钟，即使不是全部智力毁掉，也会毁掉绝大部分。目前临床上的体外循环方法就是在进行心脏外科手术时，保持病人全身血液不停地流动。对各种原因造成的心跳骤停病人，紧急采用的心脏按摩（又称心脏挤压）等方法也是为了代替心脏自动节律性活动以达到维持循环和促使心脏恢复节律性跳动的目的。

小知识

伊莉萨白·布莱克本（1948年—），美国生物学家。她与卡罗尔·格雷德、杰克·绍斯塔克凭借“发现端粒和端粒酶是如何保护染色体”这一成果，揭开了人类衰老和罹患癌症等严重疾病的奥秘，并且获得2009年诺贝尔生理学或医学奖。

剧作家改行提出身体内环境学说

内稳态机制，即生物控制自身的体内环境使其保持相对稳定，能够减少生物对外界条件的依赖性。内环境的相对稳定是生命能独立和自由存在的首要条件。内环境的稳定意味着是一个完美的有机体，能够不断调节或对抗引起内环境变化的各种因素。

贝尔纳是实验生理学的真正奠定人。他提出的内环境概念经亨德森和坎农的努力发展成内稳态理论，内稳态理论是现代实验生理学的基础。

这位杰出的科学家出身贫寒，接受教育不多，生活所迫，他不得不到一家药铺当伙计。庆幸的是，他没有因此自我轻视，而是积极学习和观察社会现象，并写出了一部关于万灵药的短剧。这部短剧受到一位导演青睐，将它搬上舞台，结果很受观众喜爱。

短剧展示了贝尔纳的才华，也为贝尔纳带来了收入和名声，他因此一度钟情于写作，打算以戏剧作为自己的谋生之路。机缘巧合，这时他有幸进入巴黎医学院学习，奇妙而博大的医学天地为他打开了另一扇窗，他很快发现自己更适合做一名医学者。

通过努力，贝尔纳成为著名科学家马根狄的助手。马根狄擅长做活体解剖，受传统生理学派影响，极力主张用物理化学方法阐释生命现象。贝尔纳在老师手下受到良好的训练，对生理学有了深刻的理解，并且青出于蓝而胜于蓝。在其后长达40年的科学生涯中，他在生理学方面的发现是无与伦比的。

贝尔纳痴迷实验，被称为“实验狂人”。在研究胰脏的消化功能时，他日夜待在实验室里，很少外出活动。通过多次实验，他第一次从胰脏中分离出三种酵素，分别促进糖、蛋白和脂肪的水解，以利于肠壁吸收。他由此断定胰脏是最重要的消化腺，而不是过去人们认为的那样——胃是最主要消化器官。

当时流行的理论是人体需要的糖从食物中吸收，透过肝、肺和其他一些组织分解。而贝尔纳在实验中感觉到这种理论存在谬误，凭借天才的想象和猜测，他认为肝脏是合成糖原的“功臣”。为了证实自己的理论，贝尔纳用狗做实验，他用碳水化合物和肉分别喂狗，几天之后把狗杀死，意外地发现它们的静脉中都有大量的糖分。这种现象引起了他的深思，而进一步实验终于使他发现了肝脏的糖原合成与转化功能。

当时人们对他的发现不予理会，但他坚持己见，又进行了大量实验。他发现当血液中血糖含量增高时，肝脏可以将血糖转化成糖原储存起来；反之，肝脏可以将糖原转化成血糖进入血液。肝脏还可以调节血糖水平，使有机体处于相对稳定的状态。这使贝尔纳意识到有机体各部分都是相互协调的。肝脏糖原合成和转化功能的发现不仅促进了贝尔纳“内环境”概念的提出，而且使人们认识到动植物在生理上的统一性。

1867 年贝尔纳出版了 14 卷本《医学实验生理学教程》，把生理学从整体上提高到了一个新的水平。现在。他被公认为生理学界最伟大的科学思想家。

美国生理学家亨德森和坎农等继承和发展了贝尔纳的思想，科学地揭示了内环境稳定的功能。

内稳态机制，即生物控制自身的体内环境使其保持相对稳定，是进化发展过程中形成的一种更进步的机制，它或多或少能够减少生物对外界条件的依赖性。具有内稳态机制的生物借助于内环境的稳定而相对独立于外界条件，大大提高了生物对生态因子的承受范围。

以人为例来说，人体生活需要两个环境，肌体组织生活的内环境和整个有机体生活的外环境。细胞和组织只能生活在血液或淋巴构成的液体环境中，这就是内环境；相对于此，外界生活环境就是外环境。

内环境的相对稳定是生命能独立和自由存在的首要条件。内环境的稳定意味着是一个完美的有机体，能够不断地调节或对抗引起内环境变化的各种因素。比如，江山易改，本性难移，指出的是心理素质方面的内稳态；运动员按照一定的方案训练，达到运动训练平台的时候就形成了内稳态。只要维持相对的训练，运动水平就可以稳定发挥。

总之，内稳态的质量越高，抵抗外界干扰所产生的应激能力越强，各种应激的影响越小。

小知识

科里(1896 年—1984 年)，美国生物化学家。他提出“科里氏循环”的假设，并发现了葡萄糖的磷酸醋形式及磷酸化在糖代谢中的重要意义，与妻子一起获得 1947 年诺贝尔生理学或医学奖。

烦恼的少年歌德
采用比较法研究生命科学

要想找到生物体和生物体之间关于结构、功能等方面的异同点就需要应用比较的方法进行研究。在达尔文的进化论主宰生命科学的时代，比较的方法就渐渐地成为一种动态的比较了。这种动态的比较无疑成为生物学上一个巨大的历史性的进步。

歌德画像

歌德在文化领域和科学领域都是世界瞩目的，但是他在爱情方面却是一个失败者。十四五岁的时候，歌德爱上了一个名叫格兰托欣的姑娘，可是由于种种原因，情窦初开的歌德却没有尝到相守的甜蜜，相反却尝到了离别的辛酸与苦涩。初恋无果而终，歌德离开故乡就读大学，在那个充满着浪漫情调的象牙塔里，他又深爱上了一位姑娘，她是一位酒馆老板的女儿。歌德认为找到了自己生命中的知音，每天都想与她在一起，可是女友因为酒馆的原因，要经常招呼客人，歌德对此很不舒服，最后由小吵变成大闹，以至于发狂翻脸。女友受不了他这种近乎发疯的嫉妒，便与歌德分道扬镳了。

爱情仿佛在一次次地戏弄这个少年，伤心之余，他写下了《少年维特的烦恼》，借此表达自己的苦闷与无助。

《少年维特的烦恼》的出版引起了巨大的成功与轰动，他的文学天赋也由此崭露头角，晚年时，他又因一本《浮士德》奠定了他在世界文学史上的重要地位。

歌德的文学天赋是毋庸置疑的，可是却很少有人了解他在生命科学上的贡献。

在歌德生活的时代里，人们普遍认为人类与猿类之间最大的区别就在于，猿类的脸部中央有一块间颌骨，而人类却没有。对于这个说法，歌德并不认可，他相信所有的身体之间都存在相似的结构单元，也许是位置不同。为此他对人类的头盖骨做了认真的观察，发现人类同样是有间颌骨的，只是在上颌处，与其他骨头结合在一起。他又拿颚裂的人跟常人相比，经过观察他发现之所以会出现异常，是因为这些人天生没有间颌骨。所以间颌骨对人类来说不仅有而且还是不可或缺的。

除了对文学以及生物学非常热爱之外，歌德还喜欢研究植物，他曾经仔细地研究过植物的生长过程，一粒种子在种下去以后，最先长出的是两片叶子，然后叶子进一步长大成为营养叶，最后出现花苞，开花结果。歌德解剖花朵时，他事先假设每一朵花瓣的各个部分与叶子是一样的，可是雄蕊与雌蕊之间有很大区别，为了寻找它们与叶子之间的相似之处，歌德又拿当时新培育出的重瓣花做比较，这些新培育的重瓣花里，雄蕊的数量已经明显减少甚至消失，而有的重瓣花中心连雌雄蕊都没有，只有花瓣，这个发现说明雌雄蕊与花瓣之间是可以转换的，也就是说花的所有器官上的部分跟叶子是相同的，萼片、花瓣、雄蕊和雌蕊具有叶的一般性质。

在科学实验中，歌德先是发现物种的异常现象，从异常的一面切入，再去寻找出现异常的原因，进而得出这些异常是基因突变而导致的。

生物学研究历史上的一个伟大的研究者歌德，开启了用比较的方法研究生物学的热潮。生物学在那个时代已经得到了快速的发展，在生物学的研究过程中生物学家们整理了很多分类学、形态学、解剖学、生理学的数据。

因此仅仅是分类研究的生物学已经不适应现代生物学的发展，现在摆在生物学家面前的一个重要课题是要对各个物种进行研究，进而掌握它们的共同点和差异点，这种需求就引出了生物学研究中的比较法，这种方法对那个时期生物学的发展做出了突出的贡献。

要想找到生物体和生物体之间关于结构、功能等方面的异同点就需要应用比较的方法进行研究。在生物学中的比较方法出现的早期，生物学家们还停留在一种静态的研究水平上，但是在达尔文的进化论主宰生物学的时代，比较的方法就渐渐地成为一种动态的比较。这种动态的比较无疑成为了生物学上一个巨大的历史性的进步。

生物学的研究刚刚出现的时候，生物学家们还仅仅停留在对生物的表面形态进行描述上，后来生物学研究史上出现了一个巨大的进步就是显微镜的发明，使生物学的研究深入到了生物的细胞以及更深入的研究上。

在这种研究深入的基础上比较法也取得了巨大的进步，例如，生物学上的一个巨大的成就——细胞学说的出现，在一定程度上也是得益于比较法的发展。

爬上树捉虫子的鱼
示范系统论思想

在系统生物学的研究中，生物系统的组成成分以及它们之间的相互关系是一个十分重要的研究内容，简单地说就是研究生物体的基因、mRNA、蛋白质以及它们相互作用的关系，整合生物体内各种不同的要素进行系统的研究。

在热带和亚热带地区，在海洋与陆地交接的泥沙上，生长着大片的植物林，枝杈密布，树根纵横交错地生长。这是一种由乔木和灌木组成的植物林，这些植物的皮下细胞组织里含有大量的单宁酸，单宁酸最显著的特征是遇空气即变成红色，所以这片植物林也就自然而然地成为名副其实的"红树林"了。

弹涂鱼

每当大海退潮的时候，在红树林生长的沼泽地上，便会出现许多蹦跳的弹涂鱼，弹涂鱼习惯在泥沙中穴居，如果它想引起异性的注意与青睐，便会从洞口不断地往上跳跃，借此展示自己带有蓝色斑点的背鳍。

它还有另外一个喜好，就是经常爬到红树的根上面捕捉昆虫吃。吃饱了在陆地上玩半天，然后再回到水里，因为它喜欢蹦蹦跳跳，所以也有人称为“跳跳鱼”。它的胸鳍肌肉发达，像一双有力的臂膀，如果在陆地上遇到什么危险，它能够迅速地蹦跳着逃离。

那么，弹涂鱼到底是跳上树的还是爬上树的呢？当海水高涨的时候，弹涂鱼便在淹过红树的水面周围活动，有时借着高涨的海水攀附于树枝上。当海水退去的时候，它便顺势把左右两个腹鳍合并变成强而有力的吸盘，把自己紧紧地吸附在树枝上，看上去像是会爬树。

弹涂鱼的长相很奇特，它们身体并不太长，只有10公分左右，两只眼睛像青蛙一样长在脑袋上方，有着相当开阔的视野。尤其与众不同的是它那能够密封的腮腔，它的鳃腔很大，能够储存大量的空气，除此以外，它的皮层里也密密麻麻布满了血管，这些血管能够穿过薄薄的皮层直接呼吸空气，并且它的尾鳍也是一种辅助的呼吸器官，这些特点为它在长时间离开水面时，提供了很大的帮助。

爬上树捉虫子的鱼看似一个笑话，但是在生物学家们的眼里，这条鱼却示范了生物学研究中一个重要的理论——系统论思想。

生物学作为一个独立的学科，其本身就必然是一个系统，生物学家们以一个统一的整体观点对生物学进行研究，有利于从整体上把握生物学，也让人们更清楚地了解到生物学的知识体系。

在系统生物学的研究中，生物系统的组成成分以及它们之间的相互关系是一个十分重要的研究内容，简单地说就是研究生物体的基因、mRNA、蛋白质以及它们相互作用的关系。

在系统生物学出现之前，生物学家们对生物学的研究仅仅停留在对个别因素的研究上，例如仅仅研究基因或者仅仅研究蛋白质，自从系统研究法出现在生物学的研究史上之后，生物学的发展又获得很大的进步。

系统生物学备受生物学家的青睐，它突破了以往生物学研究上的单一性，开始以一个整体的观点研究生物学。在此基础上，系统生物学整合生物体内各种不同的要素进行系统的研究。例如，生物学家们对基因组和基因表达的研究就利用系统生物学研究的方法进行，获得巨大的成功。但是要真正将这种整合发展到极致还有一段距离，还要靠生物学家和科学家的共同努力才能实现。

无辜罪犯是李森克主义落井下石阻碍生命科学发展的结果

李森克主义曾经严重阻碍了生物学的发展，他们否认遗传物质的存在和 DNA 的作用。在当时政治环境下，这种观点导致俄国把“基因论”封为“资产阶级唯心论的伪科学”，因此当时许多对此观点有不合的生物学家遭到了政府的迫害和批判。

李森克小时候出生在乌克兰一个农民家庭，一个偶然的机会，父亲发现在雪地里过冬的小麦种子，在春天播种可以提早在霜降前成熟。李森克由此便发明对种子“春化处理”的育种法，具体的做法是在种子种植之前把它湿润和冷冻，以便引起加速成长。对于他的这个发现，乌克兰农业部非常重视，决定设立一个专门的研究所，并由李森克担任负责人。

李森克所做的这个作物春化试验引起了瓦维洛夫的重视，1934 年，瓦维洛夫把这个科学研究结果作为对农业的一项贡献连同李森克本人一起向科学院生物学部推荐。

有了老师瓦维洛夫的鼎力协助，李森克更加相信自己的研究成果是有突破的，他开始把自己的这个“春化试验”作为炫耀的资本，广泛地在政治领域宣传自己，为给自己谋取一个稳固的地位。他声称自己是“米丘林达尔文主义”的继承者，而当时孟德尔所发现的现代遗传学则是一派胡言。

严格地说，李森克并不是一个严肃的科学家，因为每一项科学研究结论都是需要通过严格的实践来检验的，可是在科学研究领域里，他更多的是造假与浮夸。

李森克的这种态度当然会受到长期从事生物遗传研究的学者们的强烈反对与指责，而他的老师瓦维洛夫也对他的说法持反对态度。老师认为摩尔根和孟德尔的遗传规律对于后人研究和理解遗传学有着举足轻重的意义，在目前尚未确定其他的有价值的线索之前，不应该抛弃现代生物遗传学。

瓦维洛夫的质疑引起了李森克的极端反感，他煽动自己派系的人对支持孟德尔遗传学的派系进行了强烈的打击。1937 年 5 月 8 日，在全苏作物栽培研究所的学术研讨会上，李森克对瓦维洛夫围攻上升到了政治层面，说他是“摩尔根——孟德尔分子”、“反米丘林分子”等。

此后，李森克一再利用权势阻挠老师的科学研究工作，二者的矛盾逐渐加剧，李森克以政治名义公然诬陷老师是一名外国间谍，并积极参与策划了反苏破坏组织的活动。1940 年 8 月 6 日，瓦维洛夫以及他的许多同事被李森克以莫须有的罪名送进了监狱。

为了让瓦维洛夫对自己的“罪行”供认不讳，监狱的士兵开始对他进行折磨和摧残，每次的提审都长达十几个小时。强大的压力和残酷的折磨让瓦维洛夫“招供”了。虽然他在狱中仍然凭借对科学的热忱和渊博学识写下了《农业发展史（世界农业资源及其利用）》一书，但是无情的政治斗争并没有因此而优待他，1941 年 7 月 9 日，苏联最高法院军事委员会对他做出了最后判决：判处尼拉·伊万诺维奇·瓦维洛夫死刑，并没收属于他个人的财产。

由于最高苏维埃主席团主席加里宁的出面干预，瓦维洛夫才幸免一死，后来瓦维洛夫重病缠身被转送到了监狱医院。1943 年 1 月 26 日，集劳累、不公正的待遇、积愤再加忧虑多种不幸与磨难于一身的瓦维洛夫痛苦地死在了萨拉托夫监狱医院里。

李森克主义曾经严重阻碍了生物学的发展，虽然当时很多生物学家都证明遗传物质的存在和 DNA 的作用，但是以李森克为代表的学派却否认了这十分重要的观点。这种做法现在看来显然是无稽之谈，但是在当时的那种政治环境的影响下，这一论断也蛊惑了许多生物学者。

正是因为李森克的这种观点导致苏联政府把“基因论”封为“资产阶级唯心论的伪科学”，使当时许多对此观点有不合的生物学家都遭到了迫害和批判。然而，随着科学的发展，这些政治投机者最终被辗在历史的车轮下。

生物学不断地对遗传物质进行探索，透过肺炎双球菌的转化过程的实验，生物学家们证明 DNA 是遗传物质，在只有 RNA 没有 DNA 的病毒中，RNA 是遗传物质这一重要的生物学结论。

作为遗传物质需要具备以下几个条件：

第一，细胞在生长和繁殖的时候遗传物质能够自己复制。

第二，遗传物质能储存巨大的遗传信息。

第三，遗传物质能够指导蛋白质的合成，这样就能够控制新陈代谢和生物的性状。

第四，遗传物质中的遗传信息可以传递给下一代。

第五，结构稳定。

没有这些必要的条件就不能被称为遗传物质。

经过生物学家的研究得出DNA和RNA符合上述条件，因此就证明亲代与子代之间传递遗传信息的物质大部分都是存在于染色体中的DNA，还有极少数的病毒的遗传物质是RNA。

小知识

卡罗尔·格雷德(1961年—)，美国分子生物学家，现任约翰·霍普金斯大学分子生物学与遗传学系教授。她因为“发现端粒和端粒酶如何保护染色体”而与伊莉萨白·布莱克本和杰克·绍斯塔克一起获得2009年诺贝尔生理学或医学奖。

一只小果蝇诠释永不褪色的遗传学理论

遗传学主要研究生物体中促使生物遗传与变异的基因的结构及其功能。研究范围主要包括三个方面：一是对遗传物质的本质的研究；二是对遗传物质的传递的研究；三是对遗传信息的研究，包括对基因的原始功能、基因的相互作用等方面的研究。

摩尔根，生于美国纽约州奥罗拉，他是美国民族学家、原始社会史学家、染色体的创始人。

摩尔根从小就对大自然的一切表现出极大的兴趣，特别是对一些昆虫之类的生物，比方说他喜欢去野外观察昆虫的生活习惯和生活环境，观察它们如何筑巢，如何采食以及如何培育下一代等。不仅如此，他还经常把这些昆虫带回家解剖，来观察它们身体内部的构造。

有一次，他突然想起给自家的小猫做解剖，就强行给猫灌下了安眠药，很快小猫就酣睡过去，摩尔根趁小猫睡着了，就把它绑在桌子上，拿起刀子就开始解剖，怎奈小猫被痛醒了，大叫着挣脱绳子从桌子上面猛跑出去。

对生物学的热爱，使长大以后的摩尔根更加坚定了从事生物学基础研究的理想，他在霍普金斯大学获得博士学位后，就开始从事实验胚胎学的研究。那时候孟德尔已经创立了遗传学，只是后人在他的遗传学里又发现了异议，摩尔根便把目光也转向了对孟德尔的理论研究。在此同时，德弗里斯又在实验室里发现了基因突变论，于是摩尔根养很多果蝇，来研究基因突变的规律。

摩尔根对于染色体的发现是从一只小果蝇开始，他在实验室里众多红色眼睛的果蝇中，竟然发现了一只白色眼睛的雄性果蝇，这是一个基因突变的典型。为了不让它死去，细心的摩尔根把它装进一个透明的玻璃瓶里，然后带回家，白天再把它带回到实验室。后来，摩尔根又找到了一只红眼睛的雌性果蝇，让两只果蝇交配，发现二代果蝇的眼睛全是红色的。摩尔根记录下来这个发现，接着他又让一只正常的雄性果蝇与一只白色眼睛的雌性果蝇交配，在产下的二代中，所有雄性果蝇的眼睛全是一只白一只红，而所有雌性果蝇的眼睛则全部为红色。

果蝇

那么，它们眼睛的颜色到底是由什么来决定的呢？通过比对实验，摩尔根得出这样一个结论：果蝇眼睛的颜色以及性别的决定因素是一样的，问题都是出在染色体上，可见染色体就是基因的载体，基因以直线的形式排列在染色体上。有一条白色眼睛基因的 X 染色体和 Y 基因的染色体相交，便得到白眼睛的雄果蝇。

所有的生命体都在诠释着遗传学理论，当然一只小果蝇也不例外。

在生物学上一个十分重要的研究内容就是对遗传学的研究，遗传学主要研究生物体中促使生物遗传与变异的基因的结构及其功能。

遗传学还有许多的分支学科，如果按照群体研究的角度来分类的话，遗传学可以分为群体遗传学、生态遗传学、数量遗传学和进化遗传学几个不同类型的学科。在遗传学中还有很多是按照研究的问题来划分的，例如，研究细胞遗传学的话就要把细胞学和遗传学这两个学科结合起来进行研究。

遗传学的研究有很多的方法可以被利用，其中一个比较有名的方法就是杂交的方法，在使用这种方法进行研究的时候，需要生物学家考虑的主要因素就是生活周期的长短和体形的大小。还有一个重要的方法就是生物化学的方法，这种方法在分子遗传学中得到了十分广泛的应用，成为分子遗传学研究的一个重要的工具。

小知识

卡尔·冯·弗里希(1886 年—1982 年)，德国动物学家。他一生的大部分时间是研究鱼和蜜蜂，并且首次证明鱼类不是色盲，但是使他赢得科学荣誉的是对蜜蜂行为和感觉能力的研究。他曾提出蜜蜂的气味通讯理论，还发现了蜜蜂的舞蹈语言，成名之作是 1965 年出版的《蜜蜂的舞蹈语言和定向》一书。1973 年他与廷伯根、洛兰兹共获诺贝尔生理学或医学奖。

第3篇

枝繁叶茂的生命科学大树

企图自杀者登上"植物学之父"的宝座

研究植物的形态、生长发育、生理生态、系统进化、分类以及与人类的关系的一门科学就是植物学，是生物学研究中一个重要的分支学科。植物分类学、植物解剖学、植物生理学、植物生态学和植物地理的研究内容都是植物学研究的分支学科。

施莱登是德国植物学家，细胞学说的创始人之一。大学时代曾在海德堡学习法律，毕业后在汉堡做了一名律师。但施莱登并不适合这个职业，他生性易怒，暴躁无常，成功时意气风发，失败时垂头丧气，事业上的不顺常常使他陷入困境，久而久之，他觉得活着特别无聊，甚至一度想到了自杀，幸好没有成功。为了从这种困境中摆脱出来，施莱登决定放弃律师行业，改行投入到自己喜欢的植物学研究当中。

施莱登最早学习植物学是受了叔叔的熏陶与指点，当他进入柏林大学学习植物学的时候，他的叔叔和一位朋友正好也在柏林，他们两人一个是著名的植物生理学家赫克尔，一个是著名的"布朗运动"的发现者布朗，他们很看重施莱登在植物学方面的研究，并在研究领域给予他很大的帮助。

当时在植物界盛传一种林奈的"林氏24纲"的说法，林奈只是笼统地把植物根据花的数量、形状和位置分类，可是这种分法根本没有研究价值，要想对植物获得正确的认识，或者说想揭示它内在的规律，就必须仔细研究它的生长以及发育史。也就是说，一定要对其结构、功能、受精、发育和生活史进行仔细的考察和研究，才可以对这些植物进行科学的定义和分类。经过一系列的研究，在1837年，施莱登成功完成了论文《论显花植物胚株的发育史》。在这篇论文里，施莱登对植物学重新定义，认为这是一门包括植物的化学方面以及生理学在内的综合性的学科。

1838年，由布朗指导，施莱登开始初步探索细胞学，开始转入对植物细胞的形成和作用的研究。同年，他便发表了《植物发生论》并提出了植物细胞学说。

在细胞学里，施莱登以严谨的科学态度总结和阐述了自己的观点，先从细胞核开始，指出细胞核在发育的过程中有着重要作用。他认为，植物无论大小，都是由无数个细胞组成的，细胞核逐渐长大，从母体中分裂，形成新的细胞，而每一种植物都是聚集了细胞的群体，所以每一种植物都有自己独立发育的过程。

古希腊亚里士多德的学生提奥夫拉斯图曾经企图自杀，但是没有成功，而是写成了《植物历史》，而后来这位企图自杀的人却成为了“植物学之父”。

公元前的300年，古希腊亚里士多德的学生提奥夫拉斯图写了《植物历史》一书，他在书中将植物进行了比较细致的分类，并且描绘了植物的各个部分、习性和用途，被认为是植物学研究的开端。

植物学研究的重要任务就是开发、利用、改造和保护植物资源，创造一个更适合于人类生存的空间环境。

植物学的研究领域十分广泛，主要包括：形态学研究植物体的结构及形状；生理学研究植物功能，与生物化学及生物物理学密切相关；生态学研究植物与环境间的相互作用，在某些方面与生理学相近；系统学研究植物的鉴定和分类。

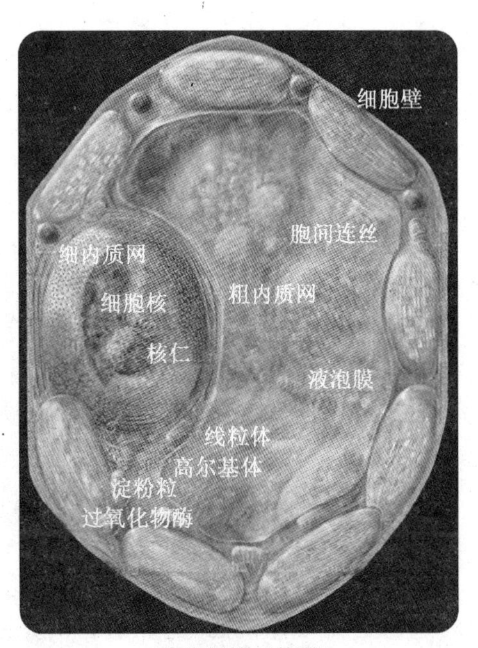

植物细胞结构图

除此之外还有很多的研究领域，但是所有的研究领域都无一例外地和许多学科密切相关，当然植物学与生活中的很多方面都有密不可分的关系，医学和有机化学常取材于植物，而农业、林业等等也是以植物学为基础。

进入20世纪以来，植物学又获得了快速的发展，特别是在植物生理学、生物化学和遗传学方面取得了很大的成就，不仅促进了经济的发展，也促进了人类和自然的发展与进步。

小知识

瓦维洛夫(1887年—1943年)，俄国植物育种学家和遗传学家，是公认的对植物种群研究做出最大贡献的学者之一。他根据研究结果提出了一个假说：栽培植物的起源中心应是其野生亲缘种显示最大适应性的地区，并将这个结论写入《栽培植物起源变异、免疫和繁育》一书中。

被微生物征服的施旺反而成就了细胞学

细胞是生物体最基本的单位，这是众所皆知的，而作为生物学上一个重要学科的细胞学就是一门研究细胞的内部结构以及功能的学科。生物体的一切活动都是以细胞为基础的，因此要研究生命体的结构以及规律就要先研究细胞的结构以及功能。

施旺，德国人，父亲是一位金匠。从少年时代起，性格内向的施旺就对宗教产生了强烈的兴趣。16岁时，他辞别故乡，进入位于科隆的耶稣教会学院学习宗教。在学习过程中，他发现自然界以及人类的发展都有着特定的规律，为了寻找这个规律，他又到柏林学习医学。当时施莱登已经创立了细胞学说，1837年，施旺有幸结识了比他大6岁的施莱登，进而把细胞学带入了动物界。

与施莱登在一起的时光是施旺一生中最有价值也是最难忘的，后来他回忆说："关于细胞的一些演变规律是我们谈话的主要内容，施莱登曾经说过细胞在植物里占据着举足轻重的位置，我就立刻联想到在动物的脊髓细胞中也有类似的构造，并且感觉这两种细胞有着异曲同工之处，所以我就想证明一下，脊索细胞中的细胞是不是有着和植物细胞一样的作用。"

施旺最先从动物的细胞核开始来论证动物的细胞中是否也存在细胞核。实验的选材是比较谨慎的，施旺选择的是动物的脊索细胞和软骨细胞，它们的结构与植物的细胞壁极为相似。

在对小蝌蚪的观察实验中，他居然发现了动物的细胞里也有细胞核，这一点与施莱登所描述的植物组织里面的细胞核极为相似。这个发现让他欣喜若狂，继而他又对其他动物也做了相同的观察，虽然那个时候实验条件十分有限，即使是用显微镜放大几百倍也难以看清，观察起来相当费事，但是施旺相信只要有细胞就有细胞核的存在。后来他把这种观察对象又扩展到动物的皮肤、毛囊、牙齿、肌肉以及脂肪神经等等，通过施旺大量的观察和不懈的努力，终于观察出了许多的动物组织里，都有细胞核的蛛丝马迹。

1839年，在施莱登的说明下，施旺发表了一篇名为《关于动植物的结构和生长

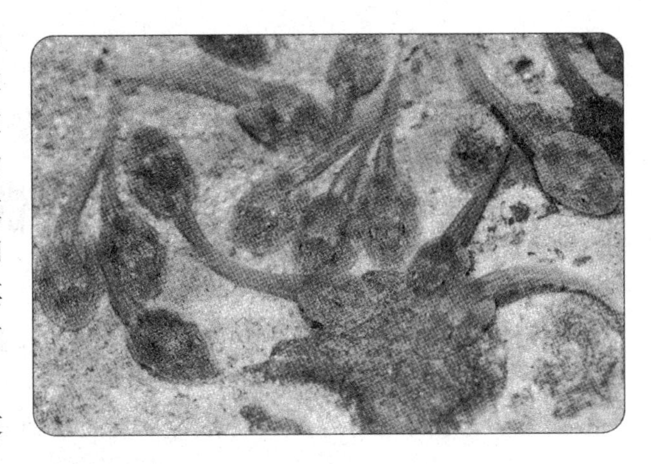

一致性的显微研究》的论文，论文分为三大部分，条理性地阐述关于细胞的理论。在论文中他这样写道："和植物一样，动物的组织里也存在细胞以及细胞核，因此我们可以断定，植物与动物在其生成与发展的过程中是没有什么区别的。"

细胞学说的建立，激发了人们对探索细胞的热情，在以后的几十年间，有关细胞的科学研究成果相继问世，并将这一类的实验研究统称为"细胞生物学"。为了纪念施旺这一领军人物在细胞界的巨大贡献，人们把施旺称为"细胞学之父"。

著名的生物学家施旺曾因为研究微生物失败而气馁，后来他与同伴施莱登一起研究细胞学，并获得了让世人瞩目的巨大成就。

1838年，施莱登通过实验，发现了细胞内部有细胞核存在，这个发现成为生物学研究上的一个轰动性事件。自从这一个研究结果公布于众之后，生物学家们又进行了广泛而深入的研究，不仅证明施莱登实验的正确性，施旺还提出世界上所有动植物都是由细胞构成的。这些都为细胞学说的形成奠定了坚实的基础。

接下来就是对细胞形态结构的研究和对细胞功能的研究，这其中就有对细胞质、细胞核的研究和分析。显微镜的出现为这些研究提供了更加便利的条件，促使研究能够顺利进行，再加上生物学中其他学科的快速发展，一个新的学科——细胞生物学最终形成了。

小知识

托斯顿·韦素（1924年—），美国神经生理学家。他在学术上的主要成就是通过实验发现了婴儿眼部接受的光刺激对将来视觉造成的影响，同时进一步解释了大脑中的视觉成像原理。1981年，他荣获诺贝尔生理学或医学奖。

太守向老农学习养羊之术
学到了农业学精髓要义

农业学是生物学中的一个重要的分支学科，主要包括：从远古农业到现代农业的产生、演变过程及特征；农业的性质、研究对象以及研究方法；农业与其他学科之间的关系；农业学研究的目的和意义。

贾思勰是中国古代杰出的农学家，他从小就耳濡目染，懂得了很多农业知识。长大以后，他依然对农业有着浓厚的兴趣，在高阳郡做太守期间，经常到山东、河南、河北等地方视察农业，一方面指导，另一方面也是请教，进而让自己累积了大量的农业知识。

后来，贾思勰卸任回到家乡，开始耕种养羊，利用自己累积的知识进行农业生产和放牧，在他切身实验的过程中，同样遇到了很多难以解决的问题，为此他经常请教当地的农夫。

贾思勰曾经喂养过两百头羊，遗憾的是那些羊因为饲料不足，经常挨饿，瘦得皮包骨，最后多半都饿死了。贾思勰在心疼之余懊悔自己的饲料准备得不够充分，第二年，他吸取教训，种了二十亩大豆，心想，这下足以让那些羊吃个饱了。可是事情并不像他想象的那样乐观，那些羊依然在逐渐的死亡，到底是什么原因呢？

当地有许多经验丰富的牧羊人，贾思勰经过虚心请教，才知道其中的秘密。原来，他在喂羊的时候，不管它们能吃多少，都是把饲料随便扔进羊圈喂养，那些饲料在羊蹄子下面踩来踩去，并且还有羊群排泄的粪便，都混在其中，这样的饲料羊即使是饿死也不会去吃的，这就是饲料充足羊也会饿死的原因。

从养羊的事情上，贾思勰明白了一个道理，那就是，要想熟练地掌握农业知识，最有效的办法就是向当地百姓请教。所以他不辞辛劳，跋山涉水走访河南、河北、山西、山东等地方的百姓，在田间地头，在茅舍窝棚里，与他们一起促膝请教。

要想种好田，第一步是选种，在谈到选种时，那些有经验的老农告诉他，一定要选择颗粒饱满、结实圆润而又色泽鲜亮的穗子，然后把穗子高高地悬挂起来，待到来年春天种到田里。除此之外，老农们还教他如何从农作物的茎秆上面判断农作物适宜生长的土壤，比如茎秆脆弱一些的可以种在平原低谷，相反那些高寒风大的位置可以选择茎秆比较强壮的农作物。

从老农那里学来的这些宝贵经验，贾思勰都一一记录下来，回去后做了条理性的整理，取其精华去其糟粕，写出了当时最早也是最全面的一部综合性农书《齐民要术》。

老农夫是对农业十分了解的人，所以太守才向老农夫学习养羊之术，而这一问却让老农夫们道出了农业学的精髓要义。

农业学是生物学中的一个重要的分支学科，主要包括：从远古农业到现代农业的产生、演变过程及特征；农业的性质、研究对象以及研究方法；农业与其他学科之间的关系；农业学研究的目的和意义。

农业学从一般经济学体系中分离出来成为一门独立的学科是在 19 世纪末 20 世纪初，第二次世界大战后，农业学得到了突飞猛进的发展。现代农业学家们更加重视对于农业整体的研究，包括与农业相关的一些学科或者是影响农业发展的因素等等。这些研究都有相应的研究理论以及研究方法，这些研究方法的应用使得农业学有了更好的发展前景。

中国著名农学家贾思勰

小知识

陈兼善(1898 年—1988 年)，字达夫，号得一轩主人，台湾动物学家，著有《台湾脊椎动物志》、《普通动物学》等书。

1931 年到 1934 年间留学法国，1934 年 5 月到英国，在大英博物馆研究，9 月结束留学生活。

1945 年 10 月随陈仪到台湾，接收台湾总督府博物馆，改名台湾省博物馆，任馆长。

1945 年 12 月应台湾大学罗宗洛代理校长聘，出任台湾大学教授兼总务长兼动物学系主任(行政职都是首任)，仍兼台湾省博物馆馆长。

1956 年转任台中市东海大学生物学系教授兼主任，1966 年退休。

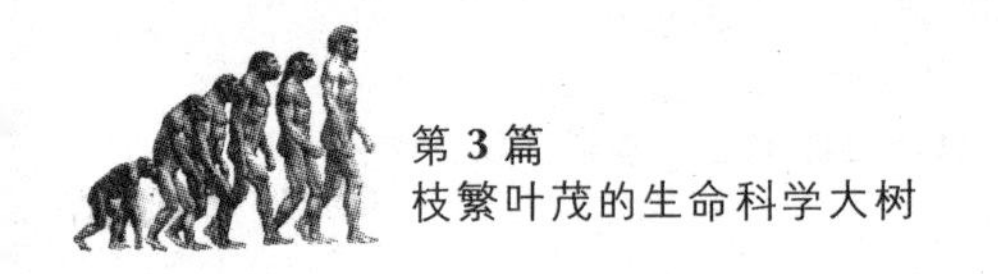

好运气的萨克斯
奠定实验植物生理学基础

植物生理学研究的最终目的就是认识植物的物质代谢以及能量转化等规律，透过这种研究目的的实现而促进人们对植物更加深刻的认识。

萨克斯是波兰人，小的时候家里很贫困，他的童年并没有多少天真烂漫的笑容，而在记忆中更多的是抹煞不去的苦难。萨克斯父亲是一个雕刻艺人，但是微薄的收入根本无法支撑基本的生活开销，在萨克斯八个姊妹里，有五个因为饥饿与病痛相继离开人世，悲痛之余的父母把活下来的孩子当做全部的希望与寄托，决心好好抚养。

小时候的萨克斯就对来自大自然的无穷奥妙很感兴趣，可是家里实在太穷了，他很晚才入学。不过萨克斯很珍惜自己得之不易的学习机会，一直很努力，后来终于以优异的成绩考取了伊丽莎白中学。

在萨克斯的人生刚刚开始起步之时，厄运却再一次降临到这个不幸的孩子身上，他的父母双双离开人世，这个噩耗带给17岁的萨克斯致命的打击。他成了孤儿，随即便离开了只读一年半的中学。

不过上天并没有遗忘这个苦难的孩子，他的邻居是一个研究生理问题的学者，名叫普金叶，两家的关系很好，萨克斯从小就跟普金叶的孩子们去父亲的实验室看那些标本，并经常好奇地问东问西。当时普金叶就晓得这个孩子不仅在绘画上有着极高的天赋，而且对大自然也有着浓厚的兴趣。萨克斯的不幸遭遇让普金叶无比同情，他决心用自己的力量来帮助这个无家可归的孩子。

1850年，普金叶在布拉格担任教授，很快他就把萨克斯接到自己身边做助手，主要从事科学方面的绘画和研究。萨克斯很勤奋也很刻苦，他利用六年的时间补习了中学落后的课程并顺利地考入了大学。1856年，萨克斯又以优异的成绩通过博士学位的考试，从此便踏上了科学研究的道路。

由于他对植物生理学的执着与热爱，此后三年的时间里，他总结和累积了丰富的经验，而成为全世界植物生理研究领域的权威人物，并在普金叶主办的《生命》杂志上相继发表了18篇论文。

虽然早在17世纪开始，人们就做过关于植物生理方面很多的研究，也已经开始采用定量法来做一些比较精确的实验，但是由于一些错误观念的干扰，有的实验甚至走入了歧途，因为缺乏正确的引导而丧失其科学价值。也正是在这个前提之下，萨克斯创造了水栽植物法来对植物的生长发育做科学的研究。这个实验有力地证明植物生长所需要的二氧化碳来自空气而并非土壤。

从1861年到1865年将近五年的时间里，他利用工作之余写出了《植物实验生理学手册》，进而被世人称为“植物实验生理学的奠定人”。

植物生理学是植物学研究的一个重要的分科，也是普通生理学的一个重要的组成部分。

植物从其基本组成物质上来看，其实与动物没有什么差别，因为它们都是由蛋白质、糖、脂肪和核酸组成的。但是这并不代表植物学的研究没有价值，植物本身还有很多的特性是动物所没有的。例如，植物能够利用太阳能，进行光合作用，并提供给人类赖以生存的氧气；植物扎根在土中进而形成一种固定的生活环境；植物的某些细胞死亡之后，在适宜的环境下还可以再生或者是分化。植物的这些特性决定了植物生理学在生物学研究中的重要地位。

现代植物生理学研究包括很多方面，首先是对植物光合作用的研究，光合作用是绿色植物的特殊功能；其次是对植物代谢方面的研究，包括合成代谢和分解代谢，这两个方面的研究是植物生理学研究最重要的课题，也是其他方面研究的基础。

其他还有许多研究的内容，比如植物呼吸、植物水分生理、植物矿质营养、植物体内运输等等都是植物生理学研究的内容。这些研究促进了植物生理学的发展，当然也间接地促进了生物学的发展。

小知识

钱永健（1952年—），美籍华人生物化学家。他利用化学技术发明出有机染料，与钙质结合时会戏剧性地改变荧光。此外，还找到了为钙质“上妆”的方法，使染料无需注射即可穿透细胞壁。2008年，与美国生物学家马丁·沙尔菲和日本有机化学家兼海洋生物学家下村修一起以绿色荧光蛋白的研究获得该年度诺贝尔化学奖。

从蚕病到产褥热
巴斯德无愧“微生物学奠定人”的称号

微生物学是一门研究生物界各种微小生物的生态结构、功能、分类等方面的一门学科，这些微小的生物体包括一些细菌、放线菌、真菌、病毒等原生动物，还包括单细胞藻类等等。

从最先从事化学实验到成功研究啤酒发酵以及变质的原因，巴斯德一举成为法国的知名人物。当时法国南部的养蚕业正遭受一场前所未有的病疫，大量的蚕相继生病死亡，南方的很多丝绸工厂甚至面临破产。为了能让养蚕业起死回生，受农业部长委派的巴斯德放下手头所有的工作，全力以赴研究蚕的病变原因。

巴斯德对科学做出了许多贡献，其中以倡导疾病细菌学说、发明预防接种方法而最为闻名。

巴斯德临危受命，赶到蚕疫的重灾区阿莱，当他看到那些病蚕的时候，心不由得缩紧了，那些蚕全身都布满了棕黑色的斑点，像是洒满了胡椒粉，一个个昂着头，伸出肢体，仿佛想要抓住救命的稻草一样，扭曲而痛苦。养蚕人告诉他，有的蚕在孵化不久就死了，而有的蚕虽然能够侥幸活下来，但是很快就生病死去，甚至有的蚕在孵化出来时就是残缺不全的。当地人称这种病叫胡椒病，对于胡椒病，他们一直没有找到有效的治愈办法。

巴斯德把病蚕带回到实验室，在显微镜下仔细观察，发现了一种极其细微的棕色微粒，这是一种会传染的病菌，就是它感染了蚕宝宝和喂养蚕宝宝的饲料，进而引发了大面积的病变。

为了进一步证实自己的结论，巴斯德毁掉了所有的病蚕，重新把健康的蚕宝宝放到带有病菌的蚕叶上，蚕吃了这种桑叶，很快就染病了，甚至上层架子上蚕的粪便掉到下层也会使下层没吃过病菌桑叶的健康蚕宝宝染病。至此，巴斯德最终断定，这是一种会传染的病菌。

找到了病因，也就知道了控制的办法，巴斯德交代蚕农，严格筛选淘汰所有发生病变的蚕蛾，销毁被污染的桑叶，控制病菌的侵入，遏止病害的蔓延。巴斯德的这个办法及时有效地挽救了法国的养蚕业。

顺着这个思路，巴斯德又开始对产褥热进行研究。通过进一步的观察实验，巴斯德发现，正是由于护理和医务人员的疏忽，把已经感染此病的妇女身上的微生物带到了健康妇女身上，进而引起了连锁反应。

巴斯德曾经说过一段至理名言：“意志、工作、成功，是人生的三大要素。意志将为你打开事业的大门；工作是入室的路径；这条路径的尽头，有个成功来庆贺你努力的结果。”正是由于在微生物方面的巨大成就，使巴斯德成为生物学研究历史上一个里程碑式的人物。

巴斯德正在为患儿诊病

微生物学研究是现代一些新生物技术的理论与技术基础，它的一些重要成就为生物学的其他分科奠定了基础。例如，基因工程、细胞工程、酶工程及发酵工程等等都是以微生物学的发展为基础的。

因此，许多高校都把微生物学作为一门专业课来上。在微生物学研究的发展过程中产生了许多微生物研究的操作方法和研究的手法，再加上电子显微镜的发明和同位素示踪原子的应用，推动了微生物学向生物化学阶段的发展。

经历了一个多世纪的发展，生物学已经有了很多的分支学科，这些分支学科不断的完善，也促进微生物学的不断发展。随着生物技术广泛应用，微生物学对现代与未来人类的生产活动及生活必将产生巨大影响。

从高悬的肖像到第一个罐头食品诞生离不开实验生理学的作用

现代实验生理学的基础是内稳态理论，生理学上的每一个巨大成就的取得，都会给内稳态的机制做出一个阐述。

史帕朗札尼出生于意大利的斯坎迪亚诺镇，是意大利著名的博物学家、生理学家和实验生理学家。史帕朗札尼的家庭比较富裕，父亲在当地是一位很有声望的律师，他在很小的时候就开始进入艾米里亚耶稣神学院接受良好的教育。

史帕朗札尼真正对自然科学发生兴趣是在上大学的时候，那时他刚进入波隆那大学学习法律，而他的堂姐芭西恰好在同一所大学任教。在堂姐的影响下，史帕朗札尼转行进修自然科学。

生活中，史帕朗札尼善于观察大自然，经常徒步外出进行科学考察，那时候关于山间泉水的来源有两个说法：一个是笛卡儿所说是由海水渗透而来的，一个是如瓦里斯纳里所说的是由雨水和融化的积雪渗入地下流出来的。通过实地考察，他发现泉水的来源如瓦里斯纳里所说的一样。史帕朗札尼对科学的严谨和超强的逻辑思维引起了几位自然界学者的关注，而在此同时，他也有机会接触了大量的关于自然发生的思想和著作，并对其做了更进一步的研究和探索。

史帕朗札尼强烈抨击当时盛行的生命自然发生说，自然发生说认为生命是自然发生的，那些飞蛾和蠕虫等小生命经过露水、黏液再加上粪土一混合就生出来了，甚至有人说连老鼠都是这种环境下孳生出来的。

直到1668年，意大利医生雷迪提出了一个新的说法，才推翻了自然发生说，他研究证明腐肉里所产生的蛆虫是苍蝇的卵。为了进一步探索大自然生命的奥秘，史帕朗札尼做了一个很有意义的实验，把带有微生物的液体放进密闭的瓶子里，高温沸煮一个小时，液体里便不再有微生物产生。当然要想不再有微生物产生还有另外一个前提，那就是杜绝空气的污染。史帕朗札尼的这个实验既有力地抨击了自然发生说，又证明微生物通过高温是可以杀死的。

史帕朗札尼的结论与巴斯德的观点是完全一致的，巴斯德非常喜欢和赞赏他，甚至特意请人画了一幅史帕朗札尼的肖像，画好以后的肖像就挂在自家的餐厅里面，以便在吃饭时随时可以看到他。可见，巴斯德对史帕朗札尼是多么钦佩了。

史帕朗札尼的瓶子实验启发了巴斯德，既然高温能够杀死微生物，那么不如把这个作为消毒的办法用到生活中，用来杀死那些可以使食品发生霉变的细菌。所以在制作罐头时，巴斯德便研发了这种高温消毒法，进而延长了罐头的保存期限。

从高悬的肖像到第一个罐头食品诞生中间历经波折，但是值得肯定的一点就是这离不开实验生理学奠定人的重要作用。

实验生理学奠定人是著名的生物学家贝尔纳，他提出的内环境概念后来就发展成内稳态理论。现代实验生理学的基础是内稳态理论，生理学上的每一个巨大成就的取得都会给内稳态的机制做出一个阐述。

在经典生理学完善的过程中出现了许多缺乏严密实验证明的结论，这些结论无法成为一种科学的理论，后来生物学家们又对这些结论进行了修改和论证，渐渐地形成了实验生理学。

生理学家们都知道实验心理学重要的理论来源是实验生理学，奠定了实验生理学基础的是十九世纪的一连串的实验生理学方面的重大的实验。其中包括以下几个重要的实验：第一个是对感觉和运动神经的实验，证明感觉神经纤维只存在于脊髓后根中，运动神经纤维只存在于脊髓前根，这两种纤维可以混合。第二个研究实验是对特殊神经官能的研究试验，其他的还有对脑机能的定位、反射动作、神经冲动传导速率的研究实验，所有的这些实验都促进了实验生理学的快速发展。

小知识

莱德伯格（1925 年—2008 年），美国遗传学家，细菌遗传学的创始人之一。

他的研究工作开创了细菌遗传学，并对其他一些领域带来重要的影响。1958 年，他和 G·W·比德尔和 E·L·塔特姆共同获得诺贝尔生理学或医学奖。

忙于社交的科学家创立分子生物学

生物学家们透过研究生物大分子的结构、功能和生物合成等就能够阐明各种生命现象的本质，这种在分子水平上对生命现象进行的研究就是分子生物学。分子生物学的研究内容十分广泛，对于各种生命过程的研究都可以归于分子生物学的研究范畴。

几乎所有的人都会认为，要做一件事情必须拿出所有的热情和精力全力以赴，才有成功的机会。但是詹姆斯·沃森却这样告诫我们："如果你要想成功地完成一件大事，不妨降低一下你的工作量。"

詹姆斯·沃森1928年出生于美国的芝加哥，这是一个有着良好生活情调的家庭，他的母亲是一位性格外向的黑发美人，同时也是一位民主党的忠实拥护者，每逢遇到大选的时候，他家甚至会成为民主党的地下投票站。而他的父亲是一所学校的老师，父亲一向喜欢看书和养鸟，他不仅经常向儿子推荐好书，而且还有意识地培养儿子在生物方面的兴趣。

学生时代的詹姆斯·沃森太平凡不过，学业成绩一般，而且性格孤僻，体弱多病，几乎在各个方面都没有什么可值得一提的，甚至他的同学都当面评价他"长大以后也不会有什么大出息"。可是他的几位老师却不这样看，总认为这个学生将来会在某个领域有所作为。

詹姆斯·沃森在15岁那年考上了芝加哥大学，在大学里，他的主要选修课程是鸟类的生存以及鸟类的病毒。后来在拿坡里的一次学术会议上，他偶然看到了一张模糊不清的DNA图片，从此便对DNA发生了兴趣。

很快，他便有幸和弗朗西斯·克里克一起发现了遗传物质DNA具有双螺旋构造，并一起获得了1962年诺贝尔生理学或医学奖。

可是在后来的回忆录中，詹姆斯·沃森并没有过多地谈及自己是如何历经艰难险阻登上科学高峰的，而是用一种调侃的语调讲述自己是如何跋山涉水，如何欢度假期，甚至是如何追求漂亮女生的。他总是能够抽出精力去参加世界各地有关生物学的会议，在途中的所见所闻和会议上来自各国专家们的意见给了他很大的帮助和启发,进而使他能够在科学领域更进一步。

分子生物学的建立是生物学研究史上一个重要的里程碑似的成就,但是谁会想到创立分子生物学的竟然是一个忙于社交的科学家呢?

进入20世纪以来,分子生物学的研究得到了长足的进展,成为生物学研究的领航者,主要致力于研究生物体的蛋白质体系、蛋白质—核酸体系和蛋白质—脂质体系。分子生物学的基础是对生物大分子的研究,随着生物科学技术的快速发展,电子显微镜被广泛地应用在生物大分子的研究上,并且获得了十分显著的成就。这些成就也说明:生命活动的根本规律在形形色色的生物体中都是统一的。

分子生物学作为现代生物技术高速发展的一个表现,不仅有利于生物科技的发展,更是有利于人类的发展,因为分子生物学的很多研究成果都可以被应用到现实生活中。它作为现代科学的一门综合科学,其意义不仅仅表现在纯粹的科学价值上,更为重要的是它的发展关系到人类自身的方面。例如,现在应用的比较广泛的亲子鉴定就是利用分子生物学的原理。

小知识

艾米尔·费歇尔(1852年—1919年),德国生物化学家,生物化学的创始人。他一生主要研究糖和嘌呤衍生物的合成,并提出"生命是蛋白体的存在方式"这一论断。用现代的观点来看,"蛋白体"实际上就是蛋白质和核酸的复合体。鉴于这一点,可见费歇尔研究工作的重要意义,他为现代蛋白质和核酸的研究奠定了一个重要的基础。1902年,艾米尔·费歇尔获得诺贝尔化学奖。

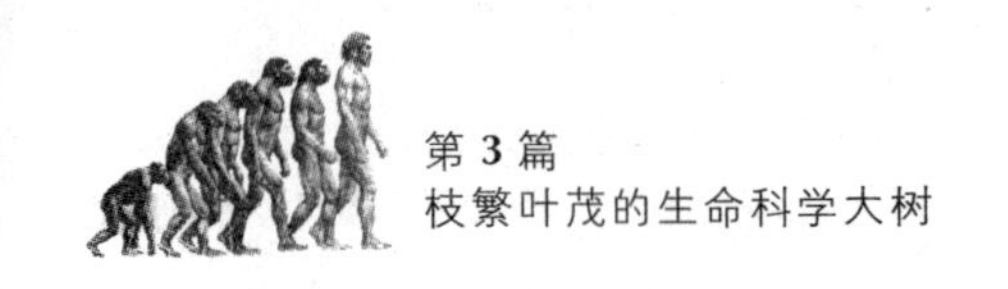

“大自然猎人”威尔逊与动物学

动物学主要研究动物的生存和发展，是生物学中一个十分重要的分支学科。它包含的内容十分广泛，涉及动物的种类、形态结构等诸多的方面。

威尔逊有一个特殊的称呼，叫做“蚂蚁先生”，这是因为他酷爱小生物，并且经常观察和研究蚂蚁的生活习性。

威尔逊生性好动，特别是在小时候，他顽劣的表现甚至让父母都感到头痛，觉得这个孩子简直是无法教育，不过长大以后的威尔逊却与小时候判若两人。由于对生物的热爱，他潜心投入到对生物学的探索和研究中，他甚至表示，如果有可能的话，自己愿意进入到微生物的世界里去生活。

他所研究和观察的动物种类极为广泛，从大海到陆地，从鸟类到脊椎动物，在累积了多年的研究成果之后，他于1975年出版了《社会生物学——新综合理论》一书。在这本书里，他对动物的行为进行了充分的解释与描绘，利他主义在这里也得到了很好的诠释和批注，从小蚂蚁到大猩猩，所有的动物都存在这个行为基础。他把这个行为基础延伸到人类的行为中，认为人类与动物在这一点上有相似之处。

威尔逊的这一观点遭到了许多批评家的指责，他们无法接受人类的行为来自于生物行为基础这个说法，坚持认为人类特有的高贵基因决定了人的本性。那些批评家们甚至说威尔逊的这一观点将会给帝国主义、性别歧视，甚至是种族歧视提供一个合法的依据，进而成为违法犯罪者的保护伞。在1978年的一次学术会议上，一位来自左翼组织的批评者拿起一杯冰水倒在了威尔逊的头上，嘴里还说着：“你是个不受欢迎的家伙。”

2000年，威尔逊又出版了《世纪之交的社会生物学》一书，批评家们认为威尔逊的观点是一种不负责任的还原论，针对这一指责，威尔逊进行了反驳。他认为自己没有滥用还原论，严格地说，原著中所提到的观点不是还原论，而是互动论，并且一个严肃的学者是不会把人类的行为跟动物的行为笼统地归为一类，而忽略文化所引起的作用的。

被称为“大自然猎人”的威尔逊与动物学的发展有着密不可分的关系。

动物学可以有很多划分，但是根据传统的分法，可以把动物学分为六个重要的分支学科，即动物形态学、动物生理学、动物分类学、动物生态学、动物地理学和动物遗传学。

研究动物学需要掌握一定的方法，一般通用的方法有以下三种：

第一，描述法。顾名思义，就是对动物的形态及其结构进行客观描述，把描述的结果用一种科学的方法记录下来。

第二，比较法。通过用比较的方法可以认识到生物体与生物体之间的相互关系，这样就能找出异同点。

第三，实验法。通过这种理性的方法能使生物学家更加清楚地认识生物学的基本规律。

动物学并不是一门孤立的学科，它和其他的学科有着十分密切的关系。随着生物科技的快速发展，动物学一定会取得更大的进步。

小知识

柯赫(1843 年—1910 年)，德国细菌学家。他对微生物学有卓越贡献，和巴斯德一起被公认为近代微生物学的奠定人。他毕生研究成果极丰富，可归纳为两个方面，即建立了研究微生物的基本操作及证实了疾病的病原菌学说。因对结核菌的一系列研究获得 1905 年诺贝尔生理学或医学奖。

揭开基因之谜
离不开生物信息学的功劳

生物信息学是在生命科学的研究中,以计算机为工具对生物信息进行储存、检索和分析的科学。其研究重点主要表现在基因组学和蛋白学两方面,具体说就是从核酸和蛋白质序列出发,分析序列中表达的结构功能的生物信息。

2007年,汉普郡瓦拉维养鸭场出现轰动世界的四条腿的鸭子,该鸭子的主人45岁的尼凯·詹纳维称:"斯塔姆佩出生的时候,我就给芝加哥大学的保罗·维克奈特发了一封求助邮件。保罗·维克奈特表示他会对四条腿的鸭子进行采取血液样本和小组织样本,以供研究和解答基因突变的问题。"

尼凯·詹纳维女士和丈夫保罗经营养鸭场有5年的历史,该养鸭场大约有3 000只鸭子,出现四条腿的还是头一次。尼凯·詹纳维给四条腿的鸭子取了名字,叫斯塔姆佩。斯塔姆佩多余的两条腿长在它用来走路的两条腿后面,遗憾的是斯塔姆佩的一条腿不小心陷入了鸡网,不幸失去了。2008年4月,它的第三条腿也断掉了,现在它和一般的鸭子没有什么区别了。

保罗·维克奈特说斯塔姆佩之所以拥有多余的两条腿,完全是一种基因突变的结果,目前科学小组正在进行研究,不久之后就会得到答案。这一研究成果可能会对人类基因突变研究做出重要的贡献。

基因之谜是困扰生物学家们很多年的一个谜团,而后来基因之谜的解开还要归功于生物信息学所发挥的重要作用。

生物信息学是在生命科学的研究中,

以计算机为工具对生物信息进行储存、检索和分析的科学。它是当今生命科学和自然科学的前沿领域之一，同时也将是21世纪自然科学的核心领域之一。其研究重点主要表现在基因组学和蛋白学两方面，具体说就是从核酸和蛋白质序列出发，分析序列中表达的结构功能的生物信息。

目前的生物信息学基本上只是分子生物学与信息技术的结合体。生物信息学的研究材料和结果就是各式各样的生物学数据，其研究工具是电脑，研究方法包括对生物学数据的搜寻、处理以及很好地利用。进入20世纪90年代以来，伴随着各种基因组测序计划的展开和分子结构测定技术的突破和因特网的普及，数以百计的生物学数据库如雨后春笋般迅速出现和成长。

生物信息学发展的短短十几年间，已经形成了多个研究方向。例如，序列比对、蛋白质结构比对和预测、基因识别和非编码区分析研究、分子进化和比较基因组学、序列重叠群装配、遗传密码的起源、基于结构的药物设计、生物系统的建模和仿真、生物信息学技术方法的研究等等。

生物信息学的发展，也必将对人类的生产和生活产生重要的影响。

小知识

F·A·李普曼(1899年—1986年)，德裔美国生物化学家。他最主要的贡献是发现并分离出辅酶A，并证明其对生理代谢的重要性。1953年，他荣获诺贝尔生理学或医学奖。

苦尽甘来的格斯耐
在自然史上的研究包括形态学内容

形态学要求把生命形式当做有机的系统来看待,这种观点不只是注重部分的微观分析,而是从总体的角度来思考和分析各种问题。

格斯耐,瑞士生物学家,出生于瑞士苏黎世城一个贫困的皮匠家里。家庭经济条件的拮据让小时候的格斯耐过早地尝到了生活的艰辛,不过有父亲辛苦的工作,他们还勉强可以度日。谁也没想到,天有不测风云,就在格斯耐15岁那年,父亲在卡帕尔的一次战斗中失去了生命,从此格斯耐的日子便像掉进了一个无底的深渊,不仅不能继续上学,连基本的生活都难以维持了。

好在天无绝人之路,好心的叔叔收养了苦命的格斯耐。他的叔叔是一个植物学家,在跟着叔叔生活的日子,让格斯耐懂得了很多植物学方面的知识。逆境中长大的孩子有一种常人无法比拟的奋斗精神,格斯耐靠勤奋好学为自己争取了继续上学的机会。从此,他便带着学校给的奖学金踏上了理想的旅途,从苏黎世到斯特拉斯堡,继而又到法国留学深造。

基于当时教会的统治势力,国家对于接受奖学金的人有一个硬性规定,凡是取得奖学金的人必须把宗教神学作为主修课程,而痴迷于生物以及自然研究的格斯耐却把神学冷落在一旁。特别是到了法国,格斯耐把大部分的精力都投入在对医学和自然史的研究中。他的这个行为惹恼了校方并被指责为不务正业,同时取消了给他的奖学金。没有了经济来源的格斯耐只好再次辍学回到家乡,开始教书度日的生活。

15世纪早期,欧洲资本主义生产方式逐渐形成,而被禁锢了几百年的自然科学以及生物科学都得到了长足的发展,此时的教会的立场也开始转变。在这种新形势下,格斯耐对医学和自然史的研究又重新得到了认可。不仅被再次授予奖学金,而且又回到了梦寐以求的学校。

格斯耐在自然史上的研究中包括了形态学的内容。形态学作为生物学的主要分支学科,从广义上来说,主要研究生物的细胞以及细胞的形态及其功能;从狭义上来说,就是对生物体的个体的外形及功能的研究。

形态学要求把生命形式当做有机的系统看待，这种观点不只是注重部分的微观分析，而是从总体的角度来思考和分析各种问题。形态学作为一个综合性的学科，其内容也十分广泛，既包括植物形态学又包括动物形态学。

在植物学的领域中，形态学是18世纪后半期根据沃尔夫的叶和花有同一起源的论点做基础的，接着这项理论又得到很多生物学家的实验验证。在动物学领域中，从18世纪后半期到19世纪初，与形态学对立的居维埃的生理形态学和杰弗洛、圣·希拉利的纯形态学产生了，这种形态学的出现是生物学上的一个巨大的进步。

形态学作为生物学研究领域的一个重要的学科，在生物学研究历史中有着十分重要的地位，只有把握好形态学的性质及其研究方法才能够更好地理解生物学。

小知识

H·A·克雷布斯(1900年—1981年)，德裔英国生物化学家。他在1930年发现了哺乳动物体内尿素合成的途径，在1937年又提出了三羧酸循环理论，并解释了身体内所需能量的产生过程和糖、脂肪、蛋白质的相互关系及相互转变机理，并于1953年获诺贝尔生理学或医学奖。

神秘僧侣医治王子血友病 开启治疗生物学遗传病的新课题

遗传性疾病，是指父母的生殖细胞，也就是精子和卵子里携带有病基因，然后传给子女并引起发病，而且这些子女结婚后还会把病传给下一代。这种代代相传的疾病，医学上称之为遗传病。

1840年2月，21岁的维多利亚女王嫁给了她的表哥阿尔拔亲王。这本是一段美好姻缘，却使她的个人生活陷入了巨大的不幸当中，还有另外4个欧洲皇室家族也惨遭波及。因为维多利亚女王本人是“甲型血友病”患者，这种疾病极易透过女性遗传给后代，尤其是近亲婚姻的遗传比例更高达90%以上。

维多利亚女王的“全家福”看起来非常幸福，不幸的是，整个家族深受血友病的困扰。

维多利亚女王共生育了9个孩子，近亲结合的关系严重影响了子女的健康。4位王子中有3位都罹患了“血友病”。5位公主尽管外表如常，却继承了看不见的

"血友病遗传基因"。所以当她们分别嫁入西班牙、俄国和欧洲的其他皇室时,毫无悬念地将与之联姻的各国皇室都搅入了"血友病"的泥坑之中。欧洲诸多皇室为此而惶恐不安,但当时的人们并不知道其中原因,因此又将血友病称为"皇室病"。

俄国末代沙皇尼古拉二世,当他还是王子的时候,在奥地利遇到英国维多利亚女王的外孙女亚历桑德拉,两人一见钟情。尼古拉继承王位一个月后,就与亚历桑德拉举行了结婚典礼。

尼古拉二世夫妇育有四女一男,不幸的是,男孩阿列克谢患有先天性血友病,经常会无故流血不止,引得皇室家族十分惊恐。他们不知道,这种传男不传女的血液病基因,是由英国维多利亚女王及其后代传播到整个欧洲皇室的。最终,王子的病情让皇室想起了神秘僧侣拉斯浦汀。

拉斯浦汀是亚历桑德拉皇后的一位密友安娅介绍来的。有一次,安娅乘火车时意外受伤,一直昏迷不醒,就连医生也无能为力。这时,一位叫拉斯浦汀的神秘僧侣突然出现,抓着安娅的手,不断呼喊她的名字,安娅竟然奇迹般苏醒过来。从此,拉斯浦汀在很多人心目中成为了神的化身。

皇后对这位神秘僧侣产生了浓厚的兴趣,并让他为自己的儿子阿列克谢治病。神奇的是,拉斯浦汀立即治好了王子的流血。这下,拉斯浦汀的神秘力量为皇室乃至整个俄国崇拜和折服,他的威望甚至超出了沙皇尼古拉斯二世。

不过,拉斯浦汀没有逃脱命运的安排,他与皇后偷情,引起人们广泛议论和不满。结果,他被人谋杀了。恰在此时,俄国十月革命爆发,沙皇时代终结,皇室成员有的被捕,有的踏上逃亡之路。据说,王子阿列克谢由于身体状况很差,在逃亡的路上死去了。

血友病只是众多血液类疾病的一种。这种病的成因有两种:一是天生的,二是后天的某种疾病和特殊原因造成的。其中先天性的血液病常常和家族遗传有关,从娘胎中就已经形成。王后的情人意外治好血友病着实令人大吃一惊,但是这样一个奇迹却开启治疗生物学遗传病的新课题。

遗传病的种类大致可分为三类:

一、单基因病:常常表现出功能性的改变,不能造出某种蛋白质,代谢功能紊乱,形成代谢性遗传病。单基因病又分为显性遗传、隐性遗传和性链锁遗传。

二、多基因遗传:是由多种基因变化影响引起,是基因与性状的关系,人的性状如身长、体型、智力、肤色和血压等均为多基因遗传,还有唇裂、颚裂也是多基因遗传。此外多基因遗传受环境因素的影响较大,如哮喘病、精神分裂症等。

三、染色体异常:由于染色体数目异常或排列位置异常等产生,最常见的如先天愚型。

道士求来的“仙方”原来是免疫学的基础

免疫系统是生物体最重要的防御系统，是身体防卫病原体入侵最有效的武器，它能发现并清除异物、外来病原微生物等引起内环境波动的因素，而免疫学就是研究免疫系统的一门学科。

天花是一种烈性的传染病，由感染痘病毒所引起。痘病毒又被称做天花病毒，这是一种与炭疽杆菌的毒性不相上下的病毒，并且随着空气就可以传播，被传染上此病毒的人最多不超过十天，便会出现打冷战、高烧、恶心、便秘以及失眠，还有的会伴有抽搐和精神恍惚。接着，病人的皮下组织开始出现红疹，几天后形成脓疱疹，脓疱疹开始溃烂，最后结痂脱落，病人全身都会有红疹留下的痕迹，俗称“麻斑”。重度的病人还会引起败血症、骨髓炎、脑炎、脑膜炎等并发症而引起死亡。

北宋丞相王旦的长子便是感染了这种病毒而死亡的，为了避免更多的人感染这种病毒，王旦特地从全国召集许多医术高明的医生、术士等一起研究治疗和预防天花病毒的办法。其中有一位从峨眉山来的道士，他发现凡是得过天花的人终生都不会再感染这种病毒，便针对这个现象发明人痘接种的办法。具体的步骤是：把得病的人红疹疮浆用棉球沾上，然后涂到刚出生的小婴儿的身上，或者是将那些结痂研磨成细粉，吹进小婴儿的鼻孔中，这样就使体内产生抗体，进而达到预防天花的目的。

人痘接种法便是免疫法的初期形式，也是免疫学的雏形。这种预防天花的办法很快就传到了外国，在康熙年间，俄罗斯帝国还专门派人到中国来学习人痘接种法。乾隆十七年，随着《医宗金鉴》这本书传到日本，人痘接种法便随之传到日本，后又传到朝鲜。18世纪中期，中国的人痘接种法已经传遍了欧亚许多国家，英国人琴纳由此受到了启发而发明了牛痘接种法进而替代了人痘接种。

道士求来的“仙方”其实是免疫学的基础，这一点恐怕是他所没有想到的。

免疫从通俗上来说，就是生物体为了保护自己而排斥其他有害物体的生物体特有的一种防御的功能，也可以叫做生物体的一种普遍的生物现象。更进一步地说，生物体的免疫系统就是指生物体对一些刺激的免疫性的应答。

生命科学的三大支柱学科是免疫学、神经生物学和分子生物学，免疫学为其中的一个重要学科，对人的生命健康有着举足轻重的作用。

在19世纪末，法国生物学家巴斯德致力于研究人以及动物的传染病，在研究的过程中，他发现了人和动物的免疫系统，这也是对免疫学的比较早的研究。到了20世纪60年代，生物学家们已经发现了抗体的分子结构和功能，这也说明了对免疫学的研究达到了一个比较完善的水平。

如今，随着科学技术的进步，免疫学的发展前景将更加广阔。

小知识

保罗·赫尔曼·穆勒(1899年—1965年)，瑞士化学家。1939年秋，他发现了DDT的杀虫功效，因此在1948年得到诺贝尔生理学或医学奖，这是首次由非生理学家得此殊荣。

"迷失的城市"为生态学的进一步研究提出了新课题

对于生物体与其周围环境的相互关系进行研究的一门学科就被称为生态学。生态学主要包括四个方面：种群的自然调节、物种间的相互依赖和相互制约、物质的循环再生、生物与环境的交互作用，而这些都与大自然的基本规律密不可分。

大自然到底蕴藏着多少奥妙，没有人能够弄清楚，许多科学家一直在孜孜不倦地探索与研究，并为此奉献毕生的精力。

2000年，在美国的《科学》期刊上曾经发表一则消息，其内容是科学家们在研究大西洋中部海脊的时候发现了一种全新的生态系统，它地处北纬30度，位于一个叫做"迷失城市"的热液喷口处。令人称奇的是，科学家们先前所发现的海洋底部的热液喷口耸立的全是黑色的烟囱，而这座被称为"迷失城市"里面所耸立的烟囱竟然全是白色的。

这到底是什么原因呢？带着这样的疑问，在2003年，华盛顿大学的黛博拉·凯莱带着其他几位科学家返回到大西洋底部，开始对这个"迷失城市"进行一次全方位的分析和研究。

黑色的烟囱自有它特定的形成环境，在大洋底部，当华氏700度高温的热水喷涌而出，接触到冰冷的大洋水时，热水中所携带的矿物质会迅速形成结晶，这就是黑色烟囱形成的原因。而形成白色烟囱的热水温度只有150度到170度之间，两者的温度差异太大，并且与黑色烟囱周围的环境呈现强酸性有所不同的是，白色烟囱周围的环境呈现碱性。

再次进入大西洋，这些人又有了更多的发现，当科学家们清除了白色烟囱表面的物质以后，惊奇地看到这上面竟然黏附着很多小生物。相对黑色烟囱周围生活的8英寸长的管状海蚯蚓来说，这里的生物却是极为微小，身长不足半英寸，并且还是透明或者半透明状的，像小虾和螃蟹，它们隐藏在角落里或者是裂缝中。虽然数量不及黑色烟囱周围的多，但是种类却不比黑色烟囱周围的少。

领衔研究"迷失城市"的科学家德博拉·凯莱为此发表感言道："在过去20年

的时间里，我们把精力都用在对海洋的探索上，原以为在一定程度上了解了海洋，但是这个新生命形式的发现，让我们觉得人类对海洋的探索才刚刚开始。”

神奇的海底世界

“迷失的城市”中表现了突破传统意义上的生态学的基本观点，让生物学家们重新认识了生态学的基本原理、各种分支以及在生产生活上的应用等等。

目前人们对于生态学的认识已经到了比较完善的程度，它已经成为一门拥有自己的研究对象、任务和方法的比较完整和独立的学科。生态学第一次正式走进人们的视野是在1866年，在这一年，德国动物学家赫克尔第一次给生态学下了一个完整的定义，这是生物学研究史上对生态学的首次定义，从此揭开了生态学发展的序幕。之后，又有很多生物学者对这一观点进行了一系列的验证和分析，进而促进了生态学的完善。

生态学的基本原理主要有四个方面的内容：个体生态、种群生态、群落生态和生态系统生态，这个基本原理是模仿自然生态系统而建立起的一种人类社会组织。

生态学能够造福于人类的一个重要方面就是对自然环境的良性改造，而在此基础上提出的适应自然发展的观点有：实施可持续发展、注重人与自然和谐发展和生态伦理道德观。

小知识

约翰·考德雷·肯德鲁(1917年—1997年)，英国生物化学家。1960年，他首先测定出血红蛋白分子的原子结构，证实它由约12 000个原子组成，并于1962年获得诺贝尔生理学或医学奖。

李镇源研究台湾蝮蛇对生物化学的贡献

生物化学是用化学的原理和方法，研究生命现象的学科。通过研究生物体的化学组成、代谢、营养、酶功能、遗传信息传递、生物膜、细胞结构及分子病等阐明生命现象。

“一定要做一些有意义的事情，一定要为这个世界留下一点东西”，这是李镇源年幼时就立下的一个志愿。李镇源出生在台湾一个极为普通的家庭，由于父亲、大哥、大姐、妹妹都相继染病去世，小时候的他不仅没有尝到童年的欢乐，还过早地尝到失去亲人的悲痛与伤心。为了不让更多的人有着像自己一样的悲苦的命运，李镇源立志长大要成为一个医生，为更多的患者解除病痛。

带着这个志愿，1940年，李镇源在台北大学第一期毕业，第二期开始的时候他就毅然选择了冷门的基础医学。李镇源之所以这么做，原因有两个：其一，他在医学部四年的学习期间，对科学研究产生了浓厚兴趣；其二，药理系的杜聪明教授是一位中国人，这种同族同根的民族立场使他愿意跟随杜聪明教授选择基础医学。

有了杜聪明教授的指点与引导，李镇源开始大踏步走向药理学的神秘领域。杜聪明曾经说过：“我们的科学研究一定要有自己的特色，有自己独特的见解和发现。”为此，他要求学生在鸦片或者蛇毒里面选择一样作为研究课题，鉴于台湾的毒蛇种类很多，每年都会有很多人被毒蛇咬伤，但是他们并不知道蛇毒的机理，所以当时李镇源选择的是蛇毒。

杜聪明教授让李镇源把台湾的蝮蛇作为研究对象，着重研究蝮蛇的蛇毒。在研究中，李镇源发现蛇毒从其毒性上来说可分为两种，一类是神经毒，一类是出血毒。这是由不同性质的蛇分泌的，分泌神经毒的蛇主要是沟牙科或眼镜蛇科的毒蛇，而出血毒是由响尾蛇科与蝮蛇科毒蛇分泌的。

在研究中，他还发现了一个奇怪的现象，就拿锁链蛇来说，产于印度的锁链蛇的蛇毒会引起出血现象，而台湾的锁链蛇却不会引起出血，这是为什么呢？当时许多研究蛇毒的学者对此众说纷纭，甚至有的专家猜测说这也许是神经性蛇毒，而非出血毒，李镇源并没有轻易认可这种说法，又做了大量而仔细的研究和实验。结果发现，这种蛇毒在进入被咬者的血液以后，会立即引起血液的凝固，进而导致死亡。

这个发现被李镇源写在论文里，让他在1945年获得了医学博士学位。

李镇源研究台湾蝮蛇对生物化学的研究有着积极的促进作用。

生物化学是生物学的一个重要的分支学科。在生物学上，生命物质都是有一定的化学组成、结构以及在生命活动中的各种化学变化的，生物化学就是以此为基础的生物科学。

生物化学按照不同的划分方法，可以划分为不同的种类，例如，以不同的生物为对象就可分为动物生化、植物生化、微生物生化、昆虫生化等；要是以生物体的不同组织为研究对象，就可分为肌肉生化、神经生化、免疫生化、生物力能学等，当然还有很多其他的划分方法。

生物化学的研究种类内容十分广泛，可以分为以下几个大的种类：新陈代谢与代谢调节控制、生物大分子的结构与功能、酶学研究、生物膜和生物力能学、激素与维生素、生命的起源与进化、方法学。

生物化学对其他各门生物学科的深刻影响，首先反映在与其关系比较密切的细胞学、微生物学、遗传学、生理学等领域。除此之外，生物化学作为生物学和物理学之间的桥梁，还对物理学产生了重大的影响，并由此形成了生物物理学。

小知识

N·R·芬森(1860年—1904年)：丹麦医学家。由于发现利用光辐射治疗狼疮，而被授予1903年度诺贝尔生理学或医学奖。主要著作有《光学光线和天花》、《光线作为刺激物》、《论集中化学光辐射在医学上的应用》等。

不怕妖怪的居维叶
痴迷古生物学研究

古生物学是生物学的一个重要的分支学科，同时也属于生命科学和地球科学。古生物学主要研究生物的生命起源、发展历史、进化过程等等，分为古植物学和古动物学两个较大的分支学科，也包括其他的分支学科，例如古藻类学、古人类学等等。

居维叶是法国著名生物学家，他小时候十分喜欢阅读昆虫学家布封的书，对自然科学产生浓厚的兴趣。

有一年夏天，他看到蚂蚁的洞口堆积着小山似的沙土，便趴在那里细心观察，结果没有注意到天气变化，黑云压顶也不知道躲避，被淋成了落汤鸡。

居维叶画像

居维叶深深地迷恋着各种生物，大学毕业后就在巴黎自然史博物馆找了份工作，研究陈列的骨骼标本。渐渐地，标本不能满足他的研究需要，于是就开始四处寻找动物尸体，并把它们制作成标本，搬回博物馆。

经过多年努力，居维叶了解了动物身体的结构特点，发现每个器官在功能上都是有关联的。比如，某种动物是吃肉的，那么它的牙齿一定适合咀嚼肉类，感觉器官善于发现猎物，四肢则擅长奔跑等等。

在居维叶埋头研究时，曾经发生过一件趣事。这天夜里，辛勤工作后的居维叶很快入睡了，忽然卧室的门“砰”一声被撞开，把居维叶惊醒了。他睁开眼睛，看到一个毛茸茸的怪物站在床头，正张牙舞爪地对着自己，并发出奇怪的叫声。居维叶仔细一看，这只怪物皮毛是橙色的，头上长着又尖又长的角，一双眼睛好似铜铃般大小，牙齿整齐。再看它的下半身，竟然长着铁锤般的大蹄子。观察完毕，居维叶说道：“怪物先生，我并不害怕，你还是不要打扰我的好梦了!"说完,他倒头大睡。

第二天,居维叶来到博物馆工作,他的一名学生兴冲冲地上前问道:"先生,昨天夜里您看见怪物了吗?"

"看见了,"居维叶平静地回答,"可是我一点也没有怕它。"

学生很吃惊:"为什么您不怕怪物?难道它不够可怕吗?"原来,昨天夜里正是这位学生假扮"怪物",去吓唬居维叶的,没想到老师居然若无其事。

居维叶笑了笑,对学生分析道:"我看到怪物头上有角,并且长着铁锤般的大蹄子,根据动物特性,判断它应该是草食性动物。你想,草食性动物只吃草,不吃肉,我怕它做什么!"

居维叶不仅可以凭借动物的一两样外貌判断动物特性,还可以根据一个器官推断整个动物的身体结构。

有一回,人们在巴黎近郊发现了一种哺乳动物化石,居维叶也在现场,当他看到刚刚露出泥土的头部化石时,就断定说:"这是一种有袋类负鼠,在它的腹部肯定有块支撑袋子的袋骨。"结果挖出来一看,果不其然。为了纪念这件事,人们把这种化石命名为"居维叶负鼠"。

古生物学主要研究生物的生命起源、发展历史和进化过程,而在这种研究的过程中就无可避免地会涉及生物的化石、遗迹等内容,这也促使生物学家们掌握地质学方面的各种知识。因此古生物学就成为了一个相互交叉的学科,不仅研究生命科学,还要研究地球科学。

恐龙化石

古生物学的研究范围十分广泛,主要的研究内容有古生物的进化、进步性进化、阶段性进化、古生物的分类系统等等。在古生物进化论中就指出生物进化是不可逆转的,还有生物之间的相关性以及生物的重演律,这些都是生物学上重要的理论。

美洲送给欧洲的“礼物”属于病毒学研究范围

病毒学是研究地球上生物病毒的一门学科。病毒是地球生物圈中的一类生物因子，而人类也在不断地认识它的本质和生命规律，经历了一个世纪的探索，病毒学获得了巨大的发展，已经成为生物学的一个重要的分支学科。

说起哥伦布，人们无不对他发现新大陆的功绩竖起大拇指。然而，这位伟大人物的背后，却有不为人知的另一面——他和他的船员们在从美洲大陆返回家乡时，也把梅毒带回了欧洲，进而使得梅毒肆虐流行，带来极大危害。

当哥伦布和船员们到达巴哈马群岛时，误认为这就是印度，便在此安营扎寨进行休整。在这期间，哥伦布的船员们与当地土著居民印第安人共同生活，也与当地的女子有了性接触。万万没想到，印第安人身上携带有美洲大陆上非常古老的梅毒。

哥伦布给欧洲带来了财富，也带来了致命的梅毒。

这些来自西班牙各地的船员们染上梅毒，病变从性器官开始，几个星期后全身出现让人难以忍受的皮疹。不幸的是，公元1494年，法国统治者查理八世发动了入侵意大利战争，西班牙参战，并与法兰西军队在拿坡里展开旷日持久的拉锯战。这些西班牙的军队中有一些士兵曾经追随哥伦布远航，他们把这种病传染给拿坡里的妓女，当法兰西胜利后，妓女们又将这种病传给法军。拿坡里的法军回国后，仅仅三年时间，就将梅毒传染开来，使其横扫法兰西、德国、瑞士、荷兰、匈牙利与俄国。有人曾经这样描述当时的情景：“几乎每个人都染上了这种病。”

梅毒流行之初，许多人还不认识，将它与麻疯病混淆不分。意大利人将这种病称做“法国病”；而入侵的法国人非常愤怒把这种病叫做“拿坡里病”；当时德国人则称它为“西班牙疮”。

随着梅毒日趋严重，欧洲各国开始相互谴责，谁也不愿意承认是自己的国家导致这种见不得人的疾病流行。1497年，巴黎政府发布了一份通告，驱逐所有原籍不是巴黎的梅毒患者。而苏格兰的阿伯丁郡的参议会颁发规定，为了保护居民，预防这种从法国传来的疾病，妓女被要求停止工作，违者被打上烙印。

梅毒引起社会广泛关注，多数人愿意相信这种流行病是美洲送给欧洲的“见面礼”。当时医师们不愿意对“人体最不名誉，最下流部位”的疾病进行检查，只采取禁食、出汗、放血和排泄等疗法治疗这种疾病，然而效果甚微。随后，汞和砷被应用于梅毒的治疗。德国专家保罗·埃尔利希于1908年研究出的“606”，被当时人们赞誉为“梅毒的克星”、“神奇子弹”。

随着青霉素的发明，开创了梅毒治疗的新时代。青霉素治疗梅毒，有强烈的抑制梅毒螺旋体的作用，在长期应用中发现青霉素治疗梅毒疗效快，副作用小，杀灭螺旋体彻底，其后50年代开始又引入其他抗生素治疗梅毒。在今天，梅毒已经不像600年前那样恐怖了。

美洲送给欧洲的“礼物”让生物学家们联想到了关于病毒学的研究。

病毒学的研究内容十分广泛，主要包括病毒的各式各样的类型、结构、生长繁殖以及遗传与进化等方面，有的时候病毒学还会研究病毒和其他生物的相互关系以及和环境的相互关系等等。

我们都知道病毒用肉眼一般是看不到的，因此对于病毒的研究要借助于先进的科技方法。例如，高倍显微镜的发明和使用就是对病毒学研究的一个重要的促进。其次，随着科学手法的不断发展，病毒学一定会有更大的进步。

病毒是一种生命活动中最简单的生物，对其生物大分子的研究无疑会为人类认识很多生命现象提供依据。同时，病毒还会引起很多病症，例如艾滋病就是病毒引起的一种难以治愈的疾病。但是如果我们能够很好地利用病毒，也会为人类造福的，例如可以利用病毒来消除害虫等等。

小知识

S·A·瓦克斯曼(1888年—1973年)，美国生物化学家、土壤微生物学家，“抗生素之父”。他发现了链霉素和其他抗生素，并首先将链霉素用于治疗肺结核病人，因此荣获1952年诺贝尔生理学或医学奖。主要著作有《土壤微生物原理》、《放线菌及其抗生素》、《我和微生物共同生活》等。

小肉球中诞生的后稷
挑战发育生物学

发育生物学是一门研究生物体从精子和卵子发生、受精、发育、生长到衰老、死亡规律的科学。

绛县柳庄村的姜嫄嫁给了部落的首领帝喾，她勤劳能干，知书达理，婚后夫妻的感情极佳。不过命运好像并不是太看重这对夫妻，结婚已经好几年，一直没有孩子，为此两人经常唉声叹气。

又一个冬天来临，鹅毛大雪接连下了好几天，家里储存的木柴已经烧完，所以天气刚放晴，姜嫄就出门上山拾柴。

拾柴对姜嫄来说是驾轻就熟，加上她本身动作就很敏捷，很快就拾了一捆树枝。正当姜嫄准备下山时，不巧山上又飘起了大雪，并且越来越大，呼啸的北风夹杂着雪花扑打着脸，她感到寸步难行。正当姜嫄觉得自己会被这漫天飞雪困在山上的时候，突然看见前面好像出现了一排脚印，脚印非常清晰，而且一直通往山下，她心中一喜，立刻踩着脚印朝山下走去。

回到家后没几天，姜嫄突然感觉身体有些异样，不想吃东西也不想工作，经大夫一查才知道是怀孕了。夫妇俩喜出望外，从此便天天数着指头盼着分娩日子的到来。

分娩的日子终于到了，可是日盼夜盼，姜嫄生下来的却是一个滚圆的肉球。接生婆当场就被吓跑了，只剩下看着肉球发傻的帝喾和他的妻子姜嫄。

“姜嫄生了一个妖怪，无头无脚，可怕极了，准是姜嫄做了什么不可告人的事情，老天爷来惩罚她。”关于姜嫄生了一个肉球的事情，村子里很快就传开了，大家在经过帝喾家门前的时候都窃窃私语，指指点点。

“把肉球扔了吧！没手没脚的，反正也活不成。”姜嫄拖着虚弱的身子把肉球包裹好，让仆人扔到一个偏僻的小路上，可是那条路上经常有牧羊人经过，仆人看见人多，就没有扔。回到家以后，姜嫄又让仆人把肉球扔到森林里去，可是森林里那些野兽看见肉球都小心地绕道走，仿佛很恭敬的样子，谁也不敢伤害它。

姜嫄万般无奈，又让仆人把肉球扔到水里。时值严冬，河面上已经结冰，当仆人把肉球放到冰面上时，突然不知从何处飞来一群鸟，这些鸟儿把肉球团团围住，用自己身上的羽毛为肉球挡风御寒。不一会儿，又飞来一只大鸟，只见大鸟用一对宽大的爪子抓起肉球就往不远处的丛林飞去。

这景象太神奇了，仆人赶紧跑回去告诉姜嫄。当姜嫄跑进丛林的时候，恰好看见被围在鸟群里的肉球突然裂开了，里面有一个婴儿在哇哇啼哭。姜嫄刚把孩子抱起来，就见林中走过来一只老虎，姜嫄的心猛一紧，生怕孩子被老虎吃掉，可是老虎却卧在孩子身边，给他喂奶。当孩子吃饱后，老虎就离开了。

姜嫄见老虎已远离，就赶紧抱起孩子回家。

帝喾给这个孩子取名叫“弃”，说来也怪，这个孩子不用教就会吃饭和走路，并且长得非常快，种田打猎，捕鱼捉虾，样样精通。由于聪颖过人，很多孩子都愿意跟着他玩，长大以后，他被推举为氏族首领。他的官名叫后稷，在他掌权的时候，社会安定，人们生活富裕，尤其是农业更为发达，后稷所统领的氏族后来叫做“周”，而周氏族就把后稷奉为自己的始祖。

小肉球中诞生的后稷让人们了解到了发育生物学，无疑这是生物学研究史上的一个重要的课题。发育生物学作为生物学的一个重要的分支学科，是一门结合现代生物学的技术来研究生物发育机制的科学。生物发育机制顾名思义就是指细胞从受精到胚胎的发育、生长直到衰老和死亡的过程。生物的发育机制既包括生物个体发育的生命现象又包括生物种群系统发生的机制。

对于多细胞生物个体发育的研究主要包括对其个体发育功能的研究，多细胞个体的发育包括产生细胞的多样性和保证生物体生命的延续等方面。在发育生物学中一个重要的研究内容就是生物发育中的讯号传导，讯号传导主要是指细胞透过一种特殊的功能把细胞讯号转变为细胞内讯号，进而引起细胞发生反应的过程。

发育生物学中的生殖发育是十分重要的研究内容，其中生殖细胞的发育就是一个值得关注的课题。生殖细胞的发育中一个重要的概念就是生殖质，生殖质通俗说法就是指具有一定形态结构的特殊细胞质，这种特殊的细胞质主要由蛋白质和 RNA 组成。

在发育生物学中受精机制就是指精子和卵子的相遇以及发展变化的过程，其中精子先要获得能量，然后遇到卵子，精卵之间会发生一个顶体反应，之后就会出现精卵的结合，进而使其形成了一个细胞，这样就完成了一个受精过程。

发育生物学是一门与人类有着密切关系的学科，因为人类无时无刻不在发育生长，而发育生物学的发展也必将会促进人类的发展。

王莽支持的飞行试验是一场仿生学表演

仿生学是生物学上的一个重要的分支学科。仿生，顾名思义就是模仿生物，而仿生学就是这样一门模仿生物建造技术装置的学科。主要研究生物体的结构、功能和工作原理，并将这些原理移植于工程技术之中，进而发明人类需要的一些性能很好的工具。

王莽算得上是中国历史上第一位"民选"的皇帝，从外戚王氏家族的一介书生做到大司马，可见他的能力与才能非同一般。

公元5年2月，年仅14岁的汉平帝去世，王莽作为摄政皇帝暂时代理国政。同年六月，太皇太后王政君宣布，立汉宣帝玄孙、年仅两岁的刘婴为皇太子。几乎在此同时，各地都出现了一些建议王莽做皇帝的神喻和暗示，比如在长安附近的一口井里就发现了一块巨石，上面刻有"告安汉公莽为皇帝"的字样，诸如此类暗喻"天意"的石头与奇梦接踵而来，表明王莽做皇帝是众望所归。

在古希腊神话中，代达罗斯和伊卡洛斯父子就是利用人造的翅膀升入天空的。

公元8年11月，王莽便由摄政皇帝即位当了真皇帝，改国号为"新"。

比起一些昏庸无能的皇帝来说，王莽这个民选的皇帝在治理国政方面很有气魄，那时候北方匈奴经常发兵来袭，杀人放火，抢夺财物。为了息事宁人，以前的皇帝们多是采取一些委曲求全的办法，比如与匈奴联姻，给他们封号等等，可是王莽一上任便取消了这些优惠措施。

匈奴人享受优待的日子被王莽这个新上任的皇帝给拦腰斩断，边境百姓便又重新陷入了水深火热之中。这里每天都会发生匈奴人侵袭事件，他们所到之处，非烧即抢，百姓流离失所，苦不堪言。面对这种状况，王莽很焦急，他下令从全国范围内召集有勇有谋的人才，鼓励他们在国难当头的危急时刻挺身而出，为国尽忠。

诏书颁布后，全国各地的勇士纷纷回应，这些人个个都有过人的技艺，刀枪棍棒，骑马射箭，无所不能。其中还有一个人的强项竟然是会飞，要知道匈奴人能骑善射，短暂的袭击过后就隐蔽在山林里，神出鬼没，行踪捉摸不定，最有效的侦查办法就是从空中俯瞰。

王莽对这个自称会飞的人十分感兴趣，命人把他找来，让他当场示范是怎么飞起来的。这个会飞的人一边解说一边示范，他的全副行头是一顶羽毛制成的帽子和一套羽毛制成的服装。他把这身行头穿戴完毕，俨然就是一只大鸟，然后他拍动几下翅膀，借着风力，竟然缓缓地飞了起来。原来，他模仿的是鸟儿飞行的原理。

看来像鸟儿一样在天上飞行也不是一件遥不可及的事情，王莽当场决定，成立一个飞行训练小组，研究和制定各种飞行计划和措施，并且为了表示对飞行事业的大力支持，他还特意从国库拨了很大一笔资金作为试验的费用。严格来说，王莽支持真人做飞行试验至少比达文西的扑翼机早了上千年。

王莽是一个历史上颇受争议的人物之一，但他曾经支持的飞行试验就是生物学上的一个重要的学科，即仿生学。

仿生学是在上世纪中期才出现的一门新的科学。它主要研究生物体的结构、功能和工作原理，并将这些原理移植于工程技术之中，进而能够发明王莽支持的飞行试验是一场仿生学表演人类需要的一些性能很好的工具。

仿生学在军事上的杰作——潜艇

自古以来人类就有模仿的天赋，这也是上天赋予人类不同于低级动物的一种生存方式。例如，古时候的人们通过模仿鱼类的形体制造出了船，而经过人们多年的研究，又让船的样子和功能更加完善。这种模仿能力就是仿生学的起源，但是在20世纪40年代以前，人们并没有自觉地把生物作为设计思想和创造发明的源泉。科学家们对生物学的研究也只停留在描述生物体精巧的结构和完美的功能上。

但是在第一次世界大战中，人们利用鱼的沉浮系统设计了潜艇，这是仿生学一个重要的见证。后来仿生学又不断地发展，包括后来对超音波的利用，都是仿生学的杰作。在近几十年间，仿生学得到了快速的发展，不仅拓展了生物学发展的管

道，而且开阔了人类的眼界，当然在生物学的发展上也成为了一门十分有发展潜力的学科。

仿生学从模拟微观世界的分子仿生学到宏观的宇宙仿生学包括了更为广泛的内容，这就决定了仿生学的重大意义，不仅仅是对生物学方面的贡献，更是对人类社会发展所做出的贡献。

小知识

托德(1907年—1997年)，英国生物化学家，1957年诺贝尔化学奖得主。他首先发现并合成了核苷酸单体，证实其具有遗传特性，还发现了核苷酸辅酶的结构，这一研究为揭开生命起源之谜开辟了道路。

为餐桌奉献美味的海洋生物学

研究海洋中生命现象、过程及其规律的科学，叫做海洋生物学。这个学科致力于研究海洋中生物的起源和不断演化以及海洋生物的分类、发育和遗传变异等许多方面的内容。

世界著名海洋生物学家、素有“海洋之父”称号的曾呈奎在1927年进入厦门大学时就选择了植物学，并且一直从事研究海洋植物。海藻是他接触最为广泛的海洋植物，于是他便设计着能否把大海变成一个美丽的庄园，让大海也像陆地一样结出可以端上餐桌的美味。在这个念头的驱使下，他开始对食用海藻的开发进行研究。

开发海藻的工作十分艰苦，中国的海藻资料没有什么文献可查，有关海藻研究的每一步都必须亲自去实践，从人迹罕至的海滩到深不可测的海底，他采集了一两百种海藻样本，其中包括营养价值很高的红毛菜、紫菜、麒麟菜、海带等，可是要想培育这些海藻就更难了。特别是海带，因为海带的原产地在北海道和库页岛等一些冷温带海域，应该是标准的寒带和亚寒带的植物。

为了了解海带的生长规律，曾呈奎带着助手在广阔的海面上进行海带的秋季培育，可是试验没有取得理想的效果，他们培育出来的海带幼苗存活率很低。屡次失败之后，曾呈奎决定换一种培育手法，把秋苗改为夏苗，把培育场地由大海转为实验室，为此他们特意制作了培育海藻的冰箱，并配有灯光照明，令人欣喜的是，海带幼苗在冰箱里生长良好，等到炎热的夏天过后，就把它们移植到海上，这种夏季育苗秋季移栽的办法获得圆满的成功。

海带秧苗存活的问题解决了，可是遗憾的是这些海带个个都长得很小，口感也差，根本达不到上市销售的标准，为此曾呈奎又带领助手对海带的生长习性做了仔细的观察和研究。针对海带的生长特点发明了“陶罐海上施肥法”，这个办法大大提高了海带的产量，并且北方海域从此开始大面积地种植海带。

在北方种植海带初见成效以后，曾呈奎又开始尝试着把海带的种植范围扩大到南方。在对海带孢子体生长发育和温度的关系进行了一系列研究之后，曾呈奎

海洋植物

成功地研制出海带南移栽培法，原来与海带风马牛不相及的浙江、福建等沿海地区，现在也已经成为海带的主要产区。

海带的成功栽培给了曾呈奎很大的信心，他再接再厉，开始对紫菜进行研究。通过大量的观察他发现，紫菜的早期是源于一种叫做壳斑藻的藻类在晚秋生成的壳孢子。解决了紫菜孢子的来源，也就解决了紫菜栽培中的关键问题，经过无数个不眠的日夜，曾呈奎终于实践了自己当初的承诺，为百姓餐桌上奉献了一道又一道的海洋植物美味。

广阔无垠的海洋是一个充满奥秘的地域，而生存其中的海洋生物非常多，因此就出现了一门研究海洋中生命现象、过程及其规律的科学，叫做海洋生物学。这个学科致力于研究海洋中生物的起源和不断演化，以及海洋生物的分类、发育和遗传变异等许多方面的内容。其目的是阐明生命的本质、海洋生物的特点和习性，及其与海洋环境间的相互关系，海洋中发生的各种生物学现象及其变化规律，进而利用这些规律为人类生活和生产服务。

在生物学研究史上一般把海洋生物划分为海洋植物和海洋动物两大类。但是随着生物学的不断发展与进步，生物学家们又把海洋细菌和海洋真菌加入了海洋生物的种类中。这样，对于海洋生物学的研究就会更加细致和准确。

毫无疑问，海洋生物学和海洋渔业是密切相关的学科，随着科学的不断发展，海洋生物学还促进了海洋生态学、海洋地质学等学科的发展进步。

射落惊弓之鸟是由于懂得神经生物学

神经生物学主要是研究生物体神经系统的一门学科，主要涉及神经系统的解剖、生理以及病理等方面。

战国时期魏国有一个射箭手叫更赢，相传他的箭不虚发，而魏王对此却不以为然，非要亲眼见识一番才相信。

这天，他命人邀请更赢一同打猎，二人行至高台之下，发现天空有一只孤独的大雁哀鸣着飞过。魏王突发奇想说道："本王素闻你箭法百发百中，现在天上飞过一只大雁，你能否把它射下来呢？"

"大王，射杀这只大雁何难？我不用箭，只需拉弓，它就会应声而落。"

"你有此等功夫？真是了得！"魏王听了更赢的话，满脸的诧异和满腹的疑惑。

"大王请看。"说话间，刚才那只鸣叫的大雁又盘旋而来，更赢随即拿起手里的弓，并未搭箭，只是拉了一下弓弦，片刻之间，就见那只大雁果真就从空中栽落下来。魏王对此更加迷惑，忙问更赢这到底有什么玄机和奥妙。

更赢向魏王解释道："大雁是群居动物，可是这只大雁却是单独飞行，原因只有一个，就是受伤飞不快，所以脱队了。"

"可是你如何知道它受伤了呢？"魏王急切地问道。

"我是从它低弱而断续的鸣叫声里判断出来的，因为有伤在身，所以它抑制不住伤口的疼痛，就会发出一声接一声的哀鸣。"

"那它又是怎么掉下来的呢？"

"这只大雁因为离开了同伴，因而会感到孤独和害怕，还有它那时时灼痛的伤口，使它的神经变得更为紧张，在飞行的途中，哪怕仅仅是听到弓弦的响声，它都会感到万分恐惧。刚才它听到了拉动弓弦的声音，以为有人射杀自己，为了逃命，便会不顾一切地往高处飞去。这时尚未愈合的伤口在猛烈的挣扎之下裂开了，大雁无法忍住剧痛便从空中掉了下来。"

惊弓之鸟的神经系统已经处于麻痹的状态，所以它才会成为猎人的美味，而这一悲剧的酿成却与神经生物学密不可分。

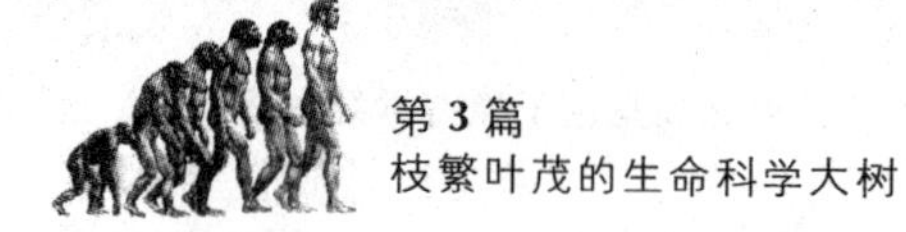

神经生物学是一门研究神经系统的结构和功能的科学，主要涉及神经系统的解剖、生理以及病理等方面。其研究离不开生命科学的一些基本研究材料与方法。例如，电生理是用电刺激的方法来研究神经回路、神经元在特殊生理条件下的反应，膜片钳是用于测量离子通道活动的精密检测方法。

从20世纪90年代以来，世界上许多国家的生物学家都看到了神经生物学的重要性，所以都争相投入发展。而且一些生物学家甚至把神经生物学称做是“21世纪的明星学科”，由此可知神经生物学地位的提升。

神经生物学的研究对象是人的大脑，大家都知道人的大脑构造是异常复杂的，神经生物学虽然没有因为方法上的突破而带来重大的研究成果，但仍然很受生物学家们的青睐。主要是因为人的大脑是人体最重要的器官之一，研究神经生物学就有可能解释智力形成之谜、毒品上瘾之谜、各种神经疾病之谜，而这些谜团已经困惑了人类几十年甚至几百年了。

小知识

约翰·苏尔斯顿(1942年—)，英国科学家。他因为找到了可以对细胞每一个分裂和分化过程进行跟踪的细胞图谱，而与悉尼·布伦纳、罗伯特·霍维茨一起获得了2002年诺贝尔生理学或医学奖。

神童高尔顿
首创遭人质疑的优生学

优生学是研究如何改良人的遗传素质，产生优秀后代的学科。它的措施涉及各种影响婚姻和生育的社会因素，如宗教法律、经济政策、道德观念、婚姻制度等。

凭着对自然科学的热爱，早在1859年表兄达尔文所著的《物种起源》发表时，高尔顿就已经成为达尔文学说的支持者，不过这个小个子的秃顶男人有着一双极富穿透力的眼睛，尤其是他那颗超乎寻常的智慧大脑并没有完全遵从和依赖达尔文学说。比如，达尔文曾提出的遗传物质的传递以及生物的发育都是由一些很小的“胚芽”引起的，也就是泛生子学说，就让高尔顿心生疑窦。通过对不同颜色的兔子之间互通血液，高尔顿确信“胚芽”的确是存在的，不过它并没有像达尔文所说的那样有着改变性状的作用。于是，他把这些可以遗传给下一代的“胚芽”叫做血统，这便是高尔顿在1876年提出的遗传学主要内容。

在1885年，高尔顿又提出了另一个迥然不同的遗传理论——祖先遗传律，也就是说每个个体都会从上一代中得到部分的血统遗传。为了能够生动地解释这一推论，他把世界上著名的法官、政治家、军事家、文学家、科学家、诗人、画家等都列举出来，其中平均100个法官的后代里就有38.3个名人，而把这个测算面扩大到全英国范围内，每4 000人中才有一个名人。由此证明法官的后代成就天才的几率相对来说是很高的。

其实严格来说，高尔顿的科学研究并不是十分严谨的，他的调查很片面，而且忽略了很多人之所以能够成为名人，不单是有遗传基因的影响，裙带关系和家庭环境也是必然的因素。19世纪80年代，高尔顿编著的《人类才能及其发展的研究》一书问世，他第一次创建了“优生学”，把人类的自然选择提升到自觉选择的高度。在文章中，高尔顿坚定了人类遗传基因与优生学之间那种不可分割的关系，智商的高低、反应的快慢以及个性的内向与外向70%以上来自遗传基因，而一小部分来自环境的影响。

作为人类历史上的一个神童，高尔顿首次倡导了优生学的理论，这项理论在当

时受到了来自各个方面的攻击和质疑，但是优生学究竟是不是正确的还有待于历史的检验。

优生学作为生物学上的一个分支，主要致力于研究改良人类的遗传素质进而产生优良后代的一门学科。它涉及许多社会因素，比如一个地区的宗教法律、经济政策、道德观念、婚姻制度等等，这些都会影响对优生观点的认识。同时，优生学的发展还会影响一个民族遗传素质的发展，进而影响一个民族未来的发展。

现代优生学的研究目的主要有两个方面：一是通过对优生学的研究认识人类不同特征的遗传本质，进而对这些遗传本质进行优劣的取舍；二是通过优生学的观点提出对后代遗传素质如何改进的具体方法。这两个目的表现了优生学的本质和特点。

医疗的进步和环境的改善是不能解决优生学的根本问题的，因此还要借助优生学来控制低劣遗传因素的泛滥。

小知识

玛丽亚·斯克洛多夫斯卡·居里（1867年—1934年），常被称为玛丽·居里或居里夫人，波兰裔法国籍女物理学家、放射化学家。与丈夫一起发现放射元素镭，被用做辐射疗法治疗癌症。

从科赫法则到细菌学

细菌学就是对细菌进行研究的一门学科，涉及细菌的各种形态、生理以及生态等方面的内容。细菌具有体积小、繁殖快、活力强、种类多、易变异等特点，并且能在人工控制的条件下进行研究和生产，是现代生物学以及其他学科的重要研究工具。

教堂里响起了沉重的钟声，周围的邻居都怀着悲痛的心情，迈着缓慢的脚步走了进去，年仅10岁的科赫牵着妈妈的衣角，跟在队伍后面。

这一行人去教堂是为一个死去的牧师做祷告。

“妈妈，他是怎么死的？”年幼的科赫问道。

“孩子，他是生病死的。”

“那为什么不去看医生呢？”

“他得的是绝症，医生也无能为力。”从妈妈的口中，小科赫知道了天下还有让所有医生都束手无策的绝症。于是，他决心长大后一定要想办法攻克这些无法治愈的顽疾。

科赫长大以后，在哥丁根大学医学院里学习。解剖学家亨勒写的一本关于传染病的著作里有一段话引起他的注意，这段话是这样写的：“要想找出并确认引发人体传染病的病因，唯一的办法就是不断地从显微镜下找出病菌，并进行分离。”

病菌才是传染源，科赫记住了这句话。在学习与研究的过程中，他本着严肃而又认真的态度掌握了大量的信息，成为附近一带有名的医生。

一天，他的邻居急切地找到他说：“快帮帮我吧！我养的三只羊，早上死了一只，现在又有一只快不行了，我也不知道是得了什么急病。”

听完邻居的叙述，科赫的脑海里浮现出一种叫做“炭疽”的细菌名字，他立刻来到羊圈，从死羊尸体里抽出一些血样带回了实验室。在显微镜下，科赫发现血液上面有一些小木棍一样的悬浮物，并且他还在其他死羊的血样里也发现了这样的悬浮物。为了证明就是这些“小木棍”在作怪，科赫把一些血液抹到小白鼠的伤口上，很快小白鼠就死了，而且在它的血液里，科赫也发现了悬浮的小木棍一样的细菌。

找到了罪魁祸首，科赫在接下来的实验中仔细观察了这种细菌的发育过程以及生长所需要的环境温度。他发现，这种病菌在极为恶劣的环境下暂时收缩成一个小团，以孢子的形态长久存活，而一旦有适合的温度，它们会加快速度壮大队伍。如果进入动物体内，会大量繁殖甚至阻塞血液的流通，在很短的时间内致其死亡。因为这种孢子能够在恶劣的环境下存活，所以要想制止它蔓延，唯一的办法就是把染病动物的尸体烧掉并深埋。

显微镜下的细菌

在1876年科赫向德国最著名的细菌学家科恩做的报告中，他仔细阐明和示范了这种细菌的特征和危害性，并证明这是一种能够引起特定疾病的微生物。

细菌学就是对细菌进行研究的一门学科，涉及细菌的各种形态、生理以及生态等方面的内容。细菌具有体积小、繁殖快、活力强、种类多、易变异等特点，能在人工控制的条件下进行研究和生产，是现代生物学以及其他学科的重要研究工具。

最早开始对细菌的研究是从人类的口腔开始，口腔中的细菌被当时的科学家们称为是“微小的生物”，后来，这些科学家又证明这些“微生物”的生命活动能够引起有机物的发酵，这种功能可以产生出很多对人类有利的物质来。因此这个发现成为了细菌学研究的一个良好的开端。

后来，生物学家们又先后发现了存在于人和动物体内的病原菌，发现它们可以引起各种疾病，同时，对鸡霍乱、炭疽、猪丹毒的菌苗研究更是奠定了免疫学的基础。

细菌学发展到现在，生物学家们已经把研究的目标转移到了分子生物学的水平，这不仅是细菌学的一大进步，也是生命科学上的一大进步。

神医华佗药到虫除表现了寄生虫学的特点

寄生虫学，顾名思义就是一门研究寄生虫的学科。对寄生虫的研究涉及有关寄生虫的致病机制、流行特点以及有效的防治方法等许多方面的内容，它是生物学上一个重要的分支学科。

华佗曾经为广陵太守陈登治过病。

有一段时间，陈登脸色赤红，心情烦躁，他的属下说："神医华佗就在广陵，大人何不请他诊治？"陈登早就听说华佗的医术高超，急忙命人去请。

华佗到来为陈登诊治一番，明白了他患的什么病，就请他准备十几个脸盆。陈登不解，只好照办。再看华佗，为陈登针灸施治，不一会儿，陈登张口大吐，竟然吐出了几盆红头虫子！这令所有人大惊。

陈登忙问："这是怎么回事？"

华佗一边为他开药，一边说："大人是不是喜欢吃鱼？"

"正是。"陈登回答。

"这些虫子就是寄生在鱼的身体中，大人吃到肚子里后，它们渐渐长大，于是变成了这个样子。"华佗告诉陈登，这个病三年后还会复发，叮嘱他到时再去取药。

果然，三年后陈登犯病，他命人前去寻找华佗取药。不巧的是，华佗外出行医未归。结果，陈登无药可医，不治而亡。

还有一次，华佗在路上遇到一个咽喉阻塞病患者，病人吃不下东西，整日呻吟不止，十分痛苦。华佗走上前去仔细诊视了病人，对他说："你向路旁卖饼人家要三两萍齑，加半碗酸醋，调好后吃下去病自然会好。"病人照他的话去做，吃下不久便吐出了一条像蛇一样的虫子，病也就真的好了。

后来，病人把虫子挂在车边去找华佗，打算当面道谢。恰好华佗的小儿子在门前玩耍，一眼看见来人，就说："那一定是我父亲治好的病人。"病人很奇怪，问他如何得知，孩子带着他走进家里，只见墙上正挂着几十条同类的虫子。原来，华佗用这个民间单方，早已治好了不少病人。

寄生虫学，顾名思义就是一门研究寄生虫的学科。主要内容包括寄生虫的致

病机制、流行特点以及有效的防治方法等。它有不同的分支，例如兽医寄生虫学、医学寄生虫学、人体寄生虫学和分子寄生虫学等，这些分支学科都经过了一定的发展，已经渐渐形成了一门比较完善的学科种类。

如今，在生物学的带动下，寄生虫学也得到了快速的发展。生物学家们借助先进的生物科技，更加清楚地认识了寄生虫的原理和危害，同时，对抗这些寄生虫的治疗手法也在不断地被挖掘出来。

小知识

H·H·戴尔(1875年—1968年)，英国生理学家。他发现了神经系统中化学传递物质，特别是神经末端可释放乙酰胆碱，由于这个发现，他和O·勒维共同获得1936年诺贝尔生理学或医学奖。

法布尔为农业昆虫学做贡献

农业昆虫学是研究农业害虫的发生、发展、消长规律及防治措施的一门科学。它不仅要以害虫为研究对象，还要研究被害植物受害后的反应，提高其耐害力和抗虫性，并研究治理策略和以作物为中心的综合防治措施。

“唧唧，唧唧……”，一个深秋的夜晚，奶奶早早地入睡了，可是法布尔却怎么也睡不着，外面传来清晰的虫鸣声，让他异常兴奋。

“这到底是什么声音呢？蟋蟀吗？不像，这个季节会有什么小昆虫还在外面活动呢？”

“奶奶，你醒醒，你听这是什么动物在叫啊？”睡得正香的奶奶被法布尔摇醒，她迷迷糊糊地说：“孩子，这么晚了还不睡，哪有什么声音啊？大概是谁家的狗在叫吧！”

接着，奶奶又睡着了。满腹疑惑的法布尔悄悄下床来到屋后，在草丛中那种“唧唧”的声音更加清晰了，可是他找了半天也没有捉到鸣叫的昆虫，反被带有利齿的草割伤了手臂。

这就是小时候的法布尔，好奇而又贪玩。他家门前有一条小溪，后面就是一片鸟鸣啁啾的树林，法布尔经常在溪水里捉鱼摸虾。也许是环境造就了法布尔爱玩的性格，他对周围很多的小昆虫都非常感兴趣，喜欢看蚂蚁搬家，喜欢看蜘蛛如何在网上掳获蚊子。

冬天，他甚至会把冻僵的昆虫揣在怀里带回家，小心翼翼地为它取暖，看它可不可以复活。最可笑的一次，他在邻居家的果树上发现了一只螳螂，为了观察螳螂偷吃苹果的行为，他竟然悄悄趴在树上一动也不动。不巧的是，法布尔被果树的主人发现了，他当场大喊道：“这是谁家的孩子？为什么要偷苹果呢？”法布尔立即从树上跳了下来，窘迫地看着邻居，“原来是你，我还以为是小偷在偷窃苹果呢！”

长大以后的法布尔依然童心未泯，脑海里总是想着：“鸟儿为什么不长牙齿？蝈蝈最喜欢吃什么？黄蜂、蝎子、象鼻虫是怎么生活的？”带着这些疑问，他在自修大学课程时，依然不忘观察身边的小昆虫。

1879年，法布尔买下了塞利尼昂的荒石园，这是一块不毛之地，却生存着很多昆虫。在这里，他几乎把所有的精力都用在了观察昆虫的生活习性以及繁衍后代的一些行为特征上，并倾尽所能，用生动活泼的语言编写了一部《昆虫记》。在这本书中，法布尔用拟人化的手法细腻而又全面地描写了包括蜘蛛、蜜蜂、螳螂、蝎子、蝉、甲虫、蟋蟀在内的许多昆虫的劳动、婚恋、繁衍和死亡等习性。由于这部书对昆虫的研究有着举足轻重的意义，加上文笔优美，使法布尔获得了"昆虫界的荷马"以及"科学界诗人"的称号。

恐怖的蝗灾

法布尔的研究对农业昆虫学做出了十分杰出的贡献，而农业昆虫学在众多生物学家研究实验的推动下也在不断地趋于完善。

农业昆虫学其实就是从昆虫学发展起来的一门应用学科，研究的历史并不长，但是对农业害虫的观察和防治，却早在中国的春秋战国时期就已经有了记述。

农业昆虫学研究的主要内容包括：

一、对害虫的产生进行研究，只有这样才能总结出防治虫害的具体方法。

二、对害虫进行分类和鉴别，进而进行有针对性的防治。

现代科学技术和农业生产的不断发展，促使农业昆虫学进一步向着多学科综合的方向发展。这种发展必然要求人们从宏观和微观上对病虫害防治进行深化，也必将对未来的农业发展产生不可估计的影响。

三试青蒿治黄痨
试出医学生物学的作用

医学生物学是生物学的一个重要的分支学科，它是研究生命运动及其本质并探讨生物发生、发展规律的科学。

从前，有一个人患了黄痨病，全身皮肤澄黄，双眼深陷，瘦得只剩皮包骨了。他看了很多郎中，吃了很多药，家里仅有的一点钱都花在这个病上，可是即使是这样也没有好转。

这天，他听说华佗路过此地，给不少长期患病的人看好了病，于是就拄着拐杖，内心充满希望地找到华佗，恳求说："先生，你是神医，是我最后的希望了，我的病看了好多大夫都没有治好，请您一定给我好好诊断一下。"

华佗没有号脉，单从病人的表象就瞧出了他所患的病，不过自己也无能为力，因为当前还没找到医治这种病的药物，所以只能遗憾地告诉病人："抱歉，我也没办法医治这种病。"

病人不相信地说："我之前看过好几个大夫，他们都给我开了药方。你是神医，一定比他们医术高。"

华佗见病人情绪很激动，就耐心地说："那些药并不起作用，吃与不吃区别不大。"病人见华佗都不能治他的病，不由得伤心欲绝，心想回家等死算了。

半年后，华佗再次行医经过那个村子，巧的是他再次碰见了当初患黄痨病的那个人，可是差点没认出来。因为那个人现在满面红光，身强力壮，走起路来精神抖擞。

华佗吃惊地问他："哪位高人给你治好病的啊？让我也见识见识。"

那人答道："自从你说这病没法治之后，我就再也没请任何郎中看，病是自己好的。"

华佗不信："哪有这种事！你一定是吃过什么药了吧？"

"没吃过药啊！前段时间到处闹饥荒，大家连米糠菜花都吃不起，哪还有多余的钱财买药啊！我一连吃了很长一段时间的野草。"

作为郎中的华佗一听这话，心中异常兴奋地说："这就对了，草就是药，你吃了

多少天?”

“一个多月。”那人如实回答。

“吃的是什么草呢?”华佗急切地追问着,“我也说不清楚。”那人早就忘了那种草具体长什么模样了。

华佗沉默了一下说:“你现在有时间吗?带我看看去。”

“我现在没什么事,带你去山上吧!”说罢,两人一前一后上了山。

他们走到山坡上时,那人指着一片绿茵茵的野草说:“就是这种野草。”

华佗一看,原来是青蒿,他转念一想:“莫非此物能治黄痨病?不如弄点回去试试看。”于是,他就用青蒿试着给黄痨病人下药治病。可是一连试了几次,病人吃了没一个见好的。

华佗以为先前那个病人准是认错了草,便又找到他问:“你真的是吃青蒿吃好的吗?”

“没错,就是这种野草!”

华佗琢磨来琢磨去,又问:“你是几月份吃的?”

“三月份。”

“哦,难怪。阳春三月万物勃发,此时的青蒿才有药效。”

第二年开春,华佗又采了许多三月间的青蒿试着给患了黄痨病的人吃。这回可真灵!结果吃一个,好一个,而过了春天再采的青蒿就不能治病了。

为了摸清青蒿的药性,第三年,华佗又把根、茎、叶进行分类实验,经过实验证明,只有幼嫩青蒿的茎、叶可以入药治病,华佗给它取名为“茵陈”。他还编了歌谣供后人借镜:“三月茵陈四月蒿,传于后人切记牢。三月茵陈治黄痨,四月茵陈当柴烧。”

“三试青蒿治黄痨”是生物学上的一个小故事,它真切地点出了医学生物学的重要作用。

目前,医学生物学研究已经得到了快速的发展,研究方法也日益多元化,其中应用比较广泛的就是物理化学研究方法和机率因果研究方法。透过物理化学的研究方法,生物学家能够更加清楚地了解到生物分子之间以及分子与细胞之间的关系,进而充分地研究生物中的宏观和微观的各种效应。而另一种机率因果的研究方法就是透过一种对照或者是比较的方法来获取治疗疾病需要的数据,进而提高一些疑难杂症的治愈率。

经过生物学家们的共同努力,医学生物学已经有了很大的进步。但是,由于生命和疾病的复杂性,生物学家们在医学生物学研究方面依然面临巨大的挑战。

第4篇

生命科学带来的丰硕成果

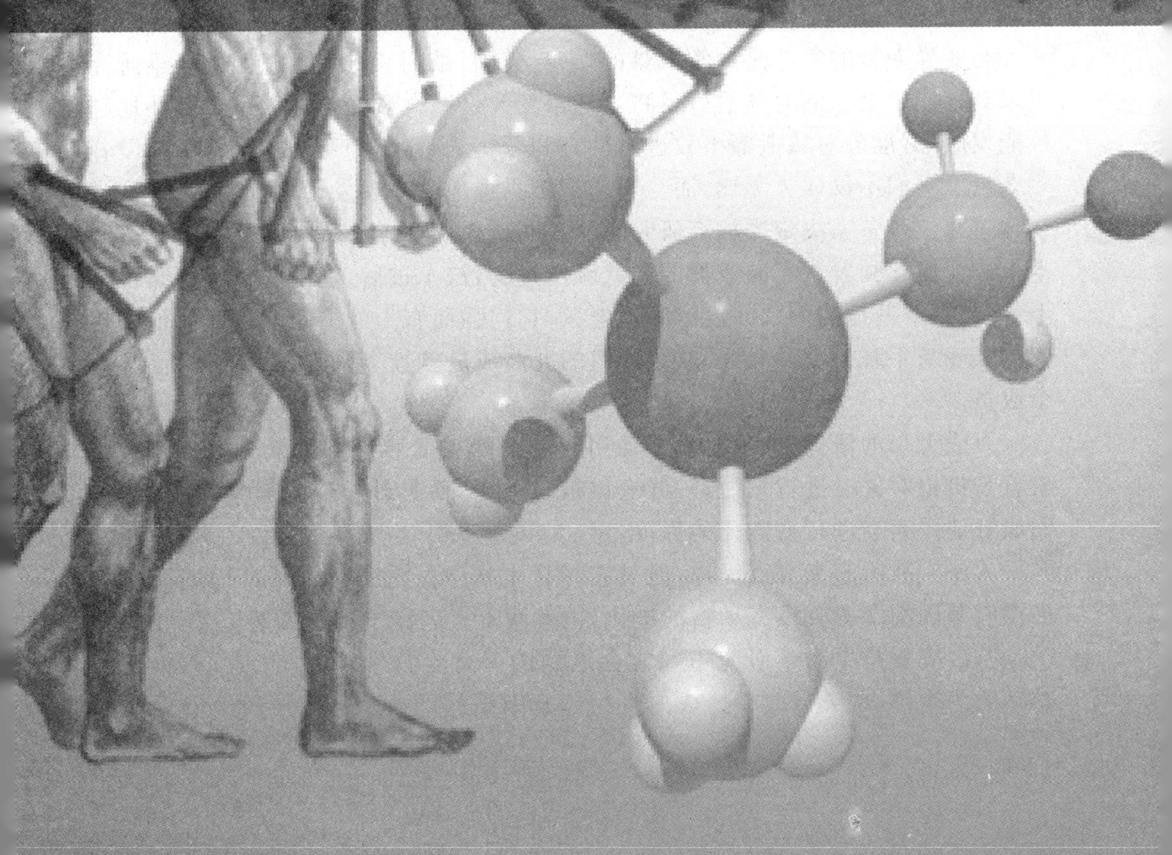

从人鼠大战到基因突变

基因突变是 DNA 分子中碱基对的增添、缺失或改变造成的生物体基因结构的改变。它一般会发生在细胞分裂间期，也就是说细胞的有丝分裂间期和减数分裂间期。

作为一门人类最早的科学，生物学蕴涵着千变万化的生命奇迹。从生命的起源到基因的突变，无一不表现着大自然的深邃与奥妙。

在常人眼里，老鼠向来胆小龌龊，喜欢在阴暗潮湿的地方生活，可是在 1996 年的车诺比核能发电厂，却上演了一场空前激烈的人鼠大战。由于基因发生改变，这里的老鼠一改往日偷偷摸摸钻墙洞的状态，竟公然在光天化日之下穿梭于大街小巷。它们聚居在核能发电厂附近，阻塞了下水道，并且像凶猛的野兽一样向人类发起了袭击。

与变异老鼠的争斗是异常艰难的，来自美国、俄国和乌克兰三国的科学研究小组来到核能发电厂的时候恰好目睹了老鼠变异这一奇观。当他们风尘仆仆地赶到核能发电厂，准备对核泄漏事故进行调查和分析的时候，惊奇地发现这里出没着很多老鼠。它们不仅硕大无比，而且还会毫不畏惧地向来者发动进攻。

这几位科学家决定先放弃研究车诺比核泄漏的初衷，首先想尽一切办法消灭老鼠。他们驾驶着汽车向成群的老鼠碾压过去，汽车过后，老鼠的尸体被黏在车轮上，但是横尸遍地的惨状并没有吓退老鼠，它们强而有力的下颌一张开就足以咬断人的喉咙与手腕。没过几天，这个小组的九名成员就被老鼠吃掉了八个，仅剩下一个成员。

万般无奈的情况下，政府只好动用武装部队来清剿这群巨鼠。一个连的兵力架着重机枪对鼠群进行扫射，一群老鼠被打死了，而另外一群老鼠又卷土重来，它们疯狂地跟人类进行着殊死的反抗。

人鼠大战听起来有点怪异，但是它却让生物学家们了解到了基因的突变。如果没有基因的突变就没有动物的进化，也就谈不上老鼠主动与人对抗了。

基因突变是生物学研究中经常会遇到的一种生物学现象，它是 DNA 分子中碱基对的增添、缺失或改变造成的生物体基因结构的改变。它一般会发生在细胞分裂间期，也就是细胞的有丝分裂间期和减数分裂间期。

基因突变主要有两个最明显的特征：

第一，随机性。指突变不管从时间上还是从生物体的个体基因上都有一定的随机性。

第二，低频率性。基因突变虽然是生物学上的一个重要的研究对象，但是基因突变的发生并不是很频繁，是十分罕见的。

基因突变对生物体有很大的影响，例如生物体的衰老和癌变都和它有着密切的关系。

对人类来说，基因突变是一把双刃剑，但人类如果能够合理利用的话，还是利大于弊的。例如，现在人们就利用基因突变的原理进行诱变育种、害虫防治和对诱变物质进行检测等等，所以基因突变还是有科学研究和生产上的实际意义的。

小知识

C·艾克曼(1858年—1930年)，荷兰生理学家，近代营养学先驱。通过研究，他发现了可以抗神经炎的维生素，为维生素的研究奠定了基础。1929年，他和霍普金斯一起获得诺贝尔生理学或医学奖。

邓肯求婚
求出基因重组概念

基因重组指在生物体进行有性生殖的过程中，控制不同性状的基因重新组合。

在一次宴会上，美国著名的舞蹈家邓肯遇到了萧伯纳。萧伯纳不仅是一位卓有成就的作家，更是一位蜚声世界的戏剧家。由于他的杰出成就，加上独特的语言风格，所以被世人称之为“最有魅力的作家”。

萧伯纳和卓别林

邓肯十分欣赏萧伯纳的才华，不过对他的容貌却是不敢恭维。因为她知道自己比萧伯纳要漂亮很多，从这一点上来说邓肯还是很有自信的。

在酒桌上，邓肯大胆地向萧伯纳求婚：“我非常倾慕你的才华，假如我们两人结合的话，所生的孩子继承我的容貌和你的智慧，一定会成为才貌双全的人。”

“美丽的邓肯女士，你说的话虽然有一定的道理，但是还有另外一种可能，那就是我们的孩子万一继承了我的相貌和你的智慧，结果岂不是很糟糕？”

邓肯想到了基因能够遗传自己美好的一面，却没有想到它也能够遗传不美好的另一面，为此才闹出了笑话。

20世纪70年代初，一个科学奇迹诞生了，这就是DNA重组技术。1972年，美国科学家保罗·伯格首次成功地把两种不同的基因拼接在一起，使生物技术发展到基因重组与移植的新阶段。

基因重组是指一个基因的DNA序列是由两个或两个以上的亲本DNA组合起来的。从广义上讲，任何造成基因型变化的基因交流过程，都叫做基因重组。而狭义的基因重组仅指涉及 DNA 分子内断裂——复合的基因交流。

基因重组和基因突变是有区别的：基因重组是指非等位基因间的重新组合，虽然能产生大量的变异类型，但只产生新的基因型，不产生新的基因。

基因突变是指基因的分子结构的改变，即基因中的脱氧核苷酸的排列顺序发生了改变，进而导致遗传讯息的改变。

小知识

J·华格纳-姚雷格(1857 年—1940 年)，奥地利医学家。由于发现了治疗麻痹的发热疗法而荣获 1927 年度诺贝尔生理学或医学奖。

“引狼入室”的美国人追求生态系统的稳定性

生态系统的稳定性是指，生态系统所具有的保持或恢复自身结构和功能相对稳定的能力。

卡巴高原位于美国北部，这里温度适宜水草丰盛，生活着众多野生动物，其中包括麋鹿和野狼。因为野狼是肉食动物，高原上的麋鹿便成为它们的主要食物来源之一，它们经常在高原上追逐着麋鹿作为美餐。在狼群凶猛的猎杀下，高原上的麋鹿大量减少。

为了保护麋鹿，从 20 世纪 40 年代起，美国政府开始大规模猎杀野狼，狼群在很短的时间内就被政府雇用来的猎手们斩草除根。麋鹿本身繁殖就很快，再加上少了天敌，很快数量就增加了。它们成群结队地游荡在高原上，啃食高原上的白杨树以及三角叶杨树的枝叶，这些树木经常被啃得光秃秃的，尤其是那些刚刚生长出来的幼苗，直接被那些矮小的麋鹿连根拔起。除此之外，它们还啃食高原上的灌木，而啃食灌木丛最大的危害就是导致水土流失。就这样，整个高原地区生态环境恶化，在这个食物链上所有动物的生存都不同程度地受到影响。眼看卡巴高原即将变成一块不毛之地，这个现象再一次引起了美国政府的高度重视。科学家们研究分析后，要想拯救卡巴高原，最好的办法就是把狼群再引回来。这个办法虽然不会直接导致生态环境的好转，但会控制麋鹿的数量，进而使这些地方的杨树和灌木都能够得到充分的生长。

20 世纪 90 年代，美国政府决定采用“引狼入室”的办法拯救卡巴高原，并开始把在铁笼中圈养的灰狼放归卡巴高原。不仅如此，美国内务部野生动物保护局开始花费巨资从加拿大引进灰狼。在时隔近 60 年以后，卡巴高原便又重新响起了野狼那穿破夜空的长啸。

生态系统的稳定性中包括一个可以自动调节的机制，这个机制涉及生态系统的组成、结构和功能等方面。

研究生态系统的一个十分重要的意义就是要通过某种方式或者手法来协调生物与生物之间的关系，进而达到一种平衡和稳定。从这里就可以看出生态系统的稳定性是一个综合性质的概念。

野狼

生态系统能够保持其稳定性是有一定原因的,它其实就是一个动态的结构,这个结构中的成分在不断的变化中,维持着结构的稳定性,也就是说生态系统中各种生物的数量和所占的比例维持在相对稳定的状态。

生态系统的稳定性包括抵抗力稳定性和恢复力稳定性。一般来说,生态系统的抵抗力稳定性是与生态系统的自动调节能力大小成正比的,而恢复力稳定性则与之相反。

而在我们的现实生活中,大自然的生态系统的稳定状态却遭到了人类的破坏,例如,对植被的破坏和对土地的过度开垦等。生态系统一旦遭到破坏就会丧失其保护大自然的功能,因此人类一定要坚持方可持续发展。

小知识

J·A·G·菲比格(1867年—1928年),丹麦病理学家。

他在哥本哈根大学毕业后,在柯赫和贝林的指导下学习细菌学。

1926年因提出“致癌寄生虫学说”(该学说现已被全面否定)获诺贝尔生理学或医学奖。

斑点蛾的悲喜剧
上演环境与生物的关系

环境能够诱发以及筛选遗传物质的变异，主要表现在物理环境和化学环境两个方面。

在英国的曼彻斯特，生活着一种斑点蛾，这种斑点蛾的翅膀上分布有斑点，根据其颜色分为浅色和黑色两种。在斑点蛾的繁殖发育中，能够控制翅膀颜色的是一对等位基因，在这对等位基因中，黑色为显性，浅色为隐性，这也就说明，黑色基因与浅色基因相结合的话，它们的最终表现形式只能是黑色，而只有两对基因全是浅色的前提下，斑点蛾的表现形式才会是浅色的。专家分析，按照这个发展规律，黑色斑点蛾的数量至少会是浅色斑点蛾的三倍以上，可是在1848年，他们对两种斑点蛾的数量调查中却奇怪地发现，黑色远比浅色少得多，甚至连百分之一都没有，这是为什么呢？

通过观察，专家们得出结论，这些斑点蛾的数量跟所处的环境有很大关系。这种斑点蛾是鸟类的美食，它们一般喜欢停在苔藓上，黑色的斑点蛾在苔藓上很容易被鸟类发现，而浅色的则不同，它们经常因为颜色的庇护而在天敌的眼前得以侥幸存活。久而久之，拥有黑色基因的斑点蛾就逐渐减少，浅色斑点蛾就明显多了起来。

后来的环境发生了变化，曼彻斯特成为一个工业城市，到处高耸着冒着黑烟的烟囱，到处是被污染的空气。那些绿色的植被被罩上了一层厚厚的烟灰，当黑色斑点蛾停留在上面时，根本很难发现，而浅色斑点蛾的命运则发生了翻天覆地的变化，它们经常被鸟类发现而丧命。在这个时候两种斑点蛾的数量就发生了根本性的转换，黑色斑点蛾占据环境优势而成为适者生存的典范。

专家预测，如果环境再次发生改变，黑、白两种斑点蛾又会回到原来的那种状态。果然不出所料，在长久的忍耐之后，英国人终于下决心开始治理环境污染。从此，水变清了，树变绿了，黑色斑点蛾又重新成为了鸟类的美食。

斑点蛾的悲、喜剧让生物学家们看到了环境与生物密不可分的关系。

在生物学的研究中，最重要的就是对遗传物质的研究，而遗传物质和环境有着不可分割的关系。对进化来说，遗传物质的变异当然是有着决定性的作用，而环境能够诱发以及筛选遗传物质的变异，生物完成了进化之后无疑会对环境有反作用。

环境对遗传物质变异的诱发作用主要表现在物理环境和化学环境两个方面。就物理环境的影响而言，射线是影响最大的因素，地球上每天都会有很多的射线，而生物体时时刻刻都在与地球上的射线打交道，一些力量比较强的射线就会把生物体的某些化学键切开，进而引发基因的突变。化学环境是指生物体从自然环境中得到某些营养物质，这些物质经过生物体的消化与吸收可能会在生物体内发生某种反应，进而引发基因突变。

小知识

约翰·詹姆斯·理查德·麦克劳德(1876年—1935年)，苏格兰医学家、生理学家。他在研究糖代谢方面取得了显著的成绩，其中最著名的是提取胰岛素。1923年，荣获诺贝尔生理学或医学奖。

400个孩子的父亲担忧子女乱伦是基因工程面对的难题

基因工程又被称为是DNA重组技术，就是使用一种特殊的技术将一种经过特殊处理的基因导入到一个目标细胞之内，进而使这个基因在此细胞内完成复制、转录等功能，这样就会改变一个生物体原有的遗传特性，于是一个新的“产品”就出现了。

在这个世界上，大概没有人不知道科克·马克赛的，他是“凯门化学”公司的执行长，而让他名声大振的是他的另外一个身份，他同时还是400个孩子的父亲。

科克·马克赛现年51岁，在1980年到1994年长达16年的时间里，他一共捐献精子1 456次，以帮助那些不孕的妇女实现生子的梦想。

开始捐献精子的时候，科克·马克赛并没有做过太多的考虑，可是后来发生的事情提醒了他，让他彻夜难眠。

医院方面对精子捐献者的身份是保密的，在2007年，有两个女孩子设法通过“捐精者同胞登记网站”找到了他，并跟他取得了联系。这两个女孩子其实离他都很近，这让科克·马克赛突然想到，自己的这几百个孩子可能住的都不太远，也就是说，他们之间完全有机会认识甚至有可能恋爱继而乱伦……这个不难发生的后果让科克·马克赛有些不寒而栗。

带着这个极度的担忧，科克·马克赛参加了哈佛大学教授乔治·丘奇创办的“哈佛私人基因组计划”。乔治·丘奇把为科克·马克赛个人绘制的基因组的详细资料公布到网上，并告知了在1980年到1994年间所有因不孕而接受精子捐献的妇女以及她们的孩子，如果她们怀疑自己可能是科克·马克赛后代的话，科克·马克赛完全配合接受他们的DNA比对检验。

并且为了更多的试管婴儿方便核对自己的DNA，科克·马克赛还联系美国“捐精者同胞登记网”，举办了一个“凯门生物医学研究协会”，专门搜集精子捐献者以及接受精子捐献者的信息，这些人如果想知道自己跟谁之间有着血缘关系的话，只需要支付80美元费用，然后寄去自己的唾液样本，就可以在数据库里查询有关的信息。

至此，这个基因数据库已经成功地帮助很多精子捐献者找到了他们的后代，也使很多试管婴儿通过这个管道与自己的同胞兄弟姊妹们相认，而且这个计划将会一直进行下去。

400 个孩子的父亲担忧子女乱伦并不是没有根据的，这也让我们看到了基因工程所面临的一个难题。

基因工程作为生物工程学的一个重要的分支学科，又被称为是 DNA 重组技术，简单地说，就是一种在分子水平上对基因进行一种复杂的操作技术。生物学家们使用一种特殊的技术将一种经过特殊处理的基因导入到一个目标细胞内，进而使这个基因在此细胞内完成复制、转录等功能，这样就会改变一个生物体原有的遗传特性，于是一个新的“产品”就出现了。

基因工程在 20 世纪获得很大的进展，主要表现在转基因动植物和复制技术上。但是基因工程也将给人类的生存环境带来一些十分不利的影响，主要表现在以下几个方面：

第一，转基因农作物将产生不可控制的污染。

第二，改变人体基因可能带来难以预料的危险，或导致人类的特征趋于单调。例如，基因疗法可以医治甚至预防遗传病，但这种疗法虽然可以去除、取代或改变引起遗传病的基因，但是，由于基因改变会牵涉到某些不确定因素，很可能引起极端缺陷症和可怕的突变。因此，对人体基因疗法的研究应当非常小心谨慎。

第三，基因改造会使物种的特性趋同，进而破坏生物的多样性，缩小其生存的回旋余地。

第四，基因改造技术应用于军事上，可以研制新的毁灭性杀伤武器。

小知识

罗伯特·巴拉尼(1876 年—1936 年)，奥地利生理学家。由于对内耳前庭的生理学与病理学研究的突出成就，而获得 1914 年诺贝尔生理学或医学奖。著有《半规管的生理学与病理学》和《前庭器的机能试验》等。

环保大会的召开为的是寻找生物能源

生物能源既不同于常规的矿物能源，又有别于其他新能源，兼有两者的特点和优势，是人类最主要的可再生能源之一。

减少碳排放量，遏制气候变暖已经是一个刻不容缓的话题。2007年，风景宜人的峇里岛迎来了一批尊贵的客人，他们一部分是政府官员，一部分是来自联合国以及非政府组织的代表，还有一部分是全球各大权威媒体的记者，总数达到1.1万人之多。这些人齐聚峇里岛，商讨解决气候变暖的问题。为了保障会议顺利召开，当地政府派出了七千多名保安，以及五千多名翻译，另外还配备了大量的交通工具以及室内的空调设施。大会结束以后，经过有关部门计算，这次万人大会的二氧化碳排放量达到了4.7万吨，相当于一些小国一年的碳排放量。为此，这次大会受到了当地环保人士的严厉指责，认为这次大会打着环保的旗帜，最终却成为了环保的杀手。

哥本哈根新港

汲取2007年峇里岛的教训，2009年的哥本哈根环保大会进行了改进。作为一个童话王国而又同时作为一个注重环保的城市，哥本哈根近些年来一直在寻求怎样合理开发利用能源，以求最大程度减少对环境的影响。

在这次会上，主办方自有妙招，他们采取了一系列措施来降低碳排放量，从建筑材料到生活和办公用品，从交通到饮食，一切都尽可能地避免污染环境。

就拿交通工具来说，丹麦政府专门设计了世界上第一款使用生物乙醇做燃料的防弹轿车，并且还为参加会议的人员提供了免费的自行车。如果有人愿意趁此机会逛一逛哥本哈根的话，还可以乘坐城市里利用电力驱动的公共汽车。鉴于哥本哈根独特的地理优势，主办方为与会者提供了清澈卫生的自来水，喝水的杯子也是可以生物降解的塑料杯。并且在会议期间所提供的食物65%以上的都是没有使用人工化学物质、基因改造的纯天然食物。

这一系列措施有效地保护了环境，同时减少了二氧化碳的排放量。最后，会议还决定，在今后几年内，拿出100万美元对孟加拉国首都达卡所有的老式砖厂进行改造，使其变成高效而又环保的砖厂。

在生态系统中，植物通过光合作用生成了很多有机物，这些有机物质又被称为是生物质，因此生物质也可以被称为是太阳能的一种。而且这些物质所蕴藏的能量是十分惊人的，根据生物学家估算，地球上每年生物能的总量约1400～1800亿吨，这一数字相当于目前世界总能耗的十倍。

随着人类大量使用矿物燃料带来的环境问题日益严重，各国政府开始重视生物能源的开发与利用。这也使得生物学上关于生物能源的研究成果得到了实际的应用。例如，沼气的使用就是典型的利用生物能源的例子。沼气是微生物发酵秸秆，禽畜粪便等有机物产生的混合气体，能够用来做燃气，进而节省了煤气。

不仅如此，生物能源还有很多优于其他能源的地方，这也是生物能源如此受全世界生物学家青睐的重要原因。

首先，使用生物能源既是保障能源安全的重要途径之一，同时又可以减轻目前环境污染的现状。

其次，生物能源是可再生能源领域唯一可以转化为液体燃料的能源。

第三，生物能源的发展可以有效促进能源农业的发展。

总之，生物能源的开发和利用可带来以可持续发展为目标的循环经济，这种循环经济已经成为很多国家经济发展的目标之一。

小知识

查尔斯·里谢（1850年—1935年），法国医学家、生理学家。最初从事神经和体温等方面的生理学研究，后来转而研究血清疗法这一课题。由于发现了身体对某种抗原物质的特异反应而获1913年诺贝尔生理学或医学奖。

教百姓种农作物种出根瘤菌在生化工程中的意义

生化工程其实就是生物化学工程，它是生物学结合化学的一门研究型学科。通俗地说，生化工程就是利用化学工程技术对生物学进行研究。

从跟百姓学种农作物到教百姓种农作物，贾思勰不辞辛劳跑遍了大半个中国，在总结了先祖们种农作物的经验以后，他回到家乡进行进一步探索和研究。

在总结农作物生长习性的时候，细心的贾思勰发现了一个特殊的例子，那就是豆类作物是谷类作物的良好前作，就是说，在一块田里，如果先种豆类作物，比如像大豆、小豆等，等到收割以后，把豆茬留在田里，随土壤一起翻耕，然后再继续播种大小麦、谷、黍、稷等谷类作物，那么就会有意想不到的收成。

贾思勰认为豆类作物属于含油的作物，用他的话说就是“豆有膏”，所谓的“膏”就是油的意思。试想一下，如果谷类作物的根部吸取了含油的肥料，结果可想而知，收成自然是令人期待的。

豆类作物为什么会有油呢？透过仔细的观察，贾思勰发现了在豆类作物根部有很大的根瘤，而在根瘤的周围，聚集了许多根瘤菌。根瘤菌的主要作用是通过输导组织从皮层细胞吸收碳水化合物、矿物盐类和水进行繁殖，与此同时，它还具有良好的固氮作用。在根瘤相继老化剥落的时候，根瘤菌也随之留在土壤里，这样也就加大了土壤的肥力。

豆类作物与谷类作物循环间种，对双方都有好处。谷类作物继承了豆类作物肥沃的土壤，而在谷类作物种植期间，因为它们属于密植作物，为了留给农作物更多的空隙，所以人们要不断除草，而没有杂草的土壤又恰恰是豆类作物最喜爱的生长环境。

以上的故事不仅让人们了解了生化工程这个生物学上的新型研究方向，而且还道出了根瘤菌在生化工程中的重要意义。

生化工程其实就是生物化学工程，它是生物学结合化学的一门研究型学科。通俗地说，生化工程就是利用化学工程技术对生物学进行研究。

这个新兴专业的起源要归功于 1857 年法国科学家 L·巴斯德的实验，他的实验证明由活的酵母发酵可以得到酒精，这个研究成果揭开了生物化学研究的序幕。

从这之后就相继出现了第一代生物化工产品、第二代的生物化工产品和第三代生物化工产品。

第一代生物化工产品是从19世纪80年代起到20世纪30年代末为止的化工产品，其中有乳酸、面包酵母、乙醇、甘油、丙酮、正丁醇、柠檬酸等物质的发明，然后相继投入了生产。

生化工程研究

第二代的生物化工产品是在20世纪40年代随着抗生素工业的兴起而出现的。在这个时期，生物化学发生了翻天覆地的变化，化学工程师建立了发酵过程中的搅拌通气，培养基和空气灭菌等单元操作，为生物化学工程的建立奠定了初步的理论基础。

第三代的生物化工产品的出现是在1974年以后，生物学出现了以重组DNA技术和细胞融合技术为代表的一系列新的成就，这是生物学界的一大重要的成就之一。

在我们的日常生活中也有生化工程的广泛应用，比如感冒的时候，给病人注射的青霉素就是生化工程得到应用的一个典型的例子。相信随着生物化学研究手法的进步，生物学一定会有更加广阔的发展前景。

小知识

卡尔·兰戴斯亭纳(1868年—1943年)，奥地利著名医学家。他因发现了A、B、O三种血型，于1930年获得诺贝尔生理学或医学奖。

赞美催化了年轻科学家的酶工程

酶工程，简单地说就是将酶或者是含有酶的一些细胞放在一定的生物反应装置里面，利用先进的工程手法和酶的催化功能将一些生物产品转化成对人类有用的生物产品。

瑞典科学家雨果·西奥雷尔虽然是一个残障人士，但是他最终却登上了1955年诺贝尔生理学或医学奖的高峰，这与父亲对他的鼓励和赞美是分不开的。

小时候的西奥雷尔是一个好奇心极强的孩子，在他的眼里，父亲的手术刀就像是一个魔术道具，能够为那些痛苦不堪的病人解除病痛，所以他经常学着父亲的样子拿着小刀，对那些别的孩子见了都害怕的小虫子进行解剖。对于儿子的行为，父亲非但不责备，而且还赞美他的钻研精神，甚至有时候也会和西奥雷尔一起解剖小昆虫，指导他怎样正确解剖和观察昆虫的内部结构。

有了父亲的支持，西奥雷尔更加热衷于自己的生物研究事业。1921年，18岁的西奥雷尔以优异的成绩考入了瑞典著名的卡罗琳斯卡医学院，这里良好的实验环境和医学条件给西奥雷尔的研究提供了强而有力的帮助。9年以后，27岁的西奥雷尔便获得了医学博士学位。可是正当他野心勃勃地准备进一步开拓自己事业的时候，不幸降临了，他得了一种怪病，两腿发软，甚至不能直立行走，这给他带来了莫大的痛苦。

带着残疾的身体，西奥雷尔付出了比别人多出几倍的努力与汗水。他长途跋涉到遥远的柏林，虚心向世界一流的酶科学家请教，并把试验的方法由化学改为物理试验方法。经过不懈的努力，他的辛苦终于得到了回报。西奥雷尔用自己设计并制造的电脉仪结合超离心的方法，证明他所得到的黄素酶是均一而纯净的。在后来的试验中，他又把这种酶分解成为两部分，即黄色的辅酶和无色的蛋白酶。西奥雷尔的这一成果使人们对生命的基础细胞又有了更加深刻的认识，同时他的发现也轰动了整个生物医学界。

简而言之，酶工程就是将酶或者微生物细胞、动植物细胞、细胞器等放在一定的生物反应装置中，利用酶所具有的生物催化功能，借助工程手法将相对的原料转化成有用物质并应用于社会生活的一门科学技术。它包括酶制剂的制备、酶的固定化、酶的修饰与改造及酶反应器等方面内容。

酶作为一种生物催化剂,已广泛应用于各个生产领域。最早,人们是直接从动植物或微生物体内提取酶做成酶制剂,进而得以生产人类所需要的各种产品,如制造奶酪、水解淀粉、酿造啤酒,都是这种应用的代表。而现在生物学家们研究出来了一种通过微生物来获取大量酶制剂的方法,如现在很多商品酶,像淀粉酶、糖化酶、蛋白酶等等都是来自于微生物。

近几十年来,随着酶工程的进步,在工业、农业、医药卫生、能源开发及环境工程等方面的应用越来越广泛。

小知识

格奥尔格·冯·贝卡西(1899 年—1972 年),美籍匈牙利物理学家、生理学家。1961 年,他因发现耳蜗感音的物理机制而获得诺贝尔生理学或医学奖金。著作有 1960 年的《听觉实验》和 1967 年的《感觉的抑制》。

李时珍半夜寻“仙果”是寻找生物活性物质

生物活性物质，是指来自生物体内的对生命现象具体做法有影响的微量或少量物质。

李时珍为了编写《本草纲目》，带着弟子庞宪到各地名山大川采集中药。一天，他们来到太和山下，听说山上有“仙果”，就想弄清“仙果”究竟是何物及其药用功效，于是在山下找客栈住下。

第二天，李时珍一大早就来到太和山上的五龙宫道观。原来“仙果”奇树就在五龙宫的后院，每年长出像梅子大小的“仙果”。据观内道士们说，此果树是真武大帝所种，人吃了“仙果”可以长生不老。皇帝听说此事后，降旨下令五龙宫道士每年在“仙果”成熟时采摘作为贡品送到京城，供皇家享用，并不许百姓进入五龙宫后院。谁要是偷看、偷采“仙果”，就是“欺君犯上”，有杀身之罪。

果然，等李时珍对观内道长说出自己的来意，想到后院看一看“仙果”时，老道长一口否决了：“不行，这里是皇家禁地，不是一般人随便看的，你还是快点离开吧！”

李时珍解释说：“我是从蕲州来的医生，专门采集药材，研究药效的，我想了解一下‘仙果’究竟有何妙用？”

白发苍髯的老道长仔细打量李时珍一番，依旧语气坚决地说：“你虽是个医生，但我要告诉你，‘仙果’是皇家的御用之品，如果自找麻烦，当心皮肉之苦。”

李时珍再三恳求未果，只好无奈地下山了。可是他心有不甘，便在夜深人静时分，从另一条小道摸上山来。此刻，五龙宫一片寂静，道士们早已酣然入睡。李时珍轻步绕到后院外，翻墙入院，快步来到果树下，迅速采摘了几枚“仙果”和几片树叶，然后翻墙而出，连夜赶下山去。

带着“胜利品”回到客栈，李时珍格外兴奋，他连忙叫醒弟子，一起来研究品尝“仙果”。经过一番努力，李时珍解开了太和山“仙果”之谜。原来，“仙果”名叫榔梅，其药用功效与梅子差不多。了解至此，李时珍提笔在《本草纲目》第二十九卷写道：“榔梅，只出均州太和山，杏形桃核。气味甘、酸、平，无毒，主治生津止渴，清神下气，消酒。”

经过研究发现，现在的生物学家们真正解开了“仙果”之谜，它含有大量生物活性物质，对人体健康非常有利。

生物体内有很多对生命现象有影响的微量或少量物质，这些物质被生物学家们称做是生物活性物质。它还存在于很多食物中，当与身体作用后这些生物活性物质能够引起各种生物效应。

生物活性物质的种类很多，包括糖类、脂类、蛋白质多肽类、甾醇类、生物碱、甙类、挥发油等等，这些物质主要存在于植物性的食物中，有的是对人体有利，有的是对人体有害。例如，食用鱼类能降低血浆胆固醇或血压进而使心脏病的发病率降低，这应归功于鱼中的不饱和脂肪酸。

我们常见的菌类，如秀珍菇、香菇等可以做菜也可以做汤，但是某些食用伞菌含有多种生物活性物质，它们含有大量的有毒或致癌物质，摄取的话就会对人体产生不良的影响。

还有的生物活性物质是通过干扰生物体中其他有利物质的吸收而引起有害的作用，例如茶中的丹宁是铁吸收的抑制剂；肌醇六磷酸可导致维生素D和锌的缺乏。

中国古代名医李时珍。

小知识

杰克·绍史塔克（1952年—），美国生物学家。他与伊莉萨白·布莱克本、卡萝尔·格雷德一起凭借“发现端粒和端粒酶是如何保护染色体的”这一成果，揭开了人类衰老和罹患癌症等严重疾病的奥秘，并获得了2009年诺贝尔生理学或医学奖。

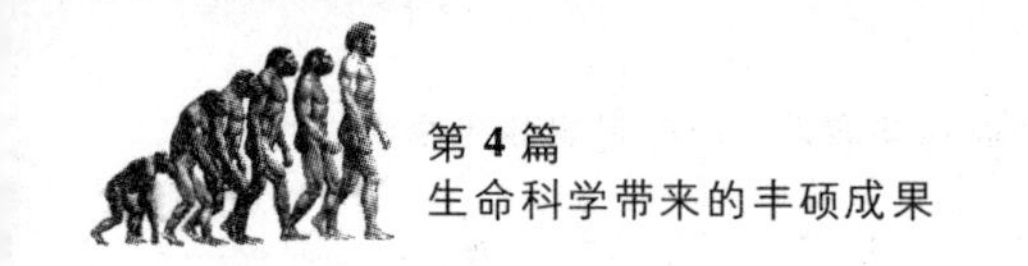

四处打工求学的科学家布洛格倡导绿色革命

人类为了能够与生态环境和谐发展进行了一系列活动，这些活动被统称为绿色革命。

布洛格是一位生物学家，他为了求学，历尽艰辛不断奋斗。为了解决学费问题，他到农场做过苦力，每天工作20小时，还为兽医喂养过动物和清扫兽笼。

1937年，他来到美国冷山观察站工作。这是美国最偏僻、最荒凉的地方，观察站设在重峦迭峰之间的一座小屋中，完全与外界隔绝。布洛格独自一人在海拔8 600英尺的深山林海中工作，他的任务是观察森林火灾，发现隐忧立刻用无线电报话机向外界报警。

这里有凶猛的动物，在沟壑里还聚集着各式各样的毒蛇，如果不小心中毒了，即使你等上几天也不会有人来救你，因为这里根本就没有人烟。运送生活用品和食物，往返需要两个多小时，其间还要翻过断裂的山口。布洛格知道工作的艰苦，可是他还是坚持了下来。

他一人在这里工作，并不感到寂寞，因为他偶尔会猎取小松鸡或者钓钓鱼，给自己补充一下营养，况且屋外还有一个大世界，总能发现一些令人惊奇的东西，并沉迷其中。最后，布洛格以坚强的毅力和惊人的勇气，完成了护林任务，得到了林业局的称赞，并解决了令他头痛的学费问题。

布洛格上学期间，因为要解决经济上的困难，他常常拿出大部分时间用来打工，学习时间经常放在晚上，但他最终还是以优异的成绩完成了大学学业。

科学家布洛格作为生物学上一名颇有成就的学者，曾经倡导过绿色革命。如今，绿色革命作为一个新的课题受到了生物学界的重视。

生物学经历了两次著名的绿色革命：

第一次绿色革命的杰出代表就是中国的杂交水稻。杂交水稻的出现大大提高了农业生产力，促使农业由传统型向现代型转变。但是这次绿色革命也有明显的缺陷，就是水稻缺乏足够的矿物质和维生素，因此又有人提出了要进行的第二次绿色革命。

第二次绿色革命一个艰巨的历史任务就是帮助落后地区人口摆脱贫困，加强环境保护，进而促进社会的可持续发展。至今，第二次绿色革命仍在进行中，虽然生物学家们结合先进的生物科技培育了一些优良的农产品品种，但也面临着新的目标和新的挑战。

小知识

阿达·约纳特(1939 年—)，以色列科学家。2009 年因“核糖体的结构和功能”的研究而获得 2009 年的诺贝尔化学奖。

幸运苜蓿草的传说
有可能源于转基因技术

转基因技术是将人工分离和修饰过的基因导入到生物体基因组中，由于导入基因的表达，引起生物体的性状的可遗传的修饰，这种技术称之为转基因技术。

在一片美丽的桃园里，住着一对互相深爱的恋人。有一天，他们因为一件小事吵了起来，彼此都不肯让步，最后被爱神知道了。

爱神欺骗他们说："你们这对可怜的恋人，很快就将遭遇不幸，只有在桃林深处生存的四叶草才能化解。"这对恋人听后，装作无所谓，其实心里都为对方担忧。爱神走后，天空突然下起了暴雨，两个人心急如焚，生怕自己的恋人遭遇不测，于是他们瞒着对方冒着大雨朝桃林深处走去，寻找那一片四叶草。当他们最终知道对方都很在乎自己时，非常感动，就这样，四叶草见证他们的爱情。

四叶草就是苜蓿草，它通常只有三瓣叶子，存在四瓣叶子的几率很低，一万株四叶草中才有一株有四瓣叶子，四瓣叶子隐喻着上天对人的眷顾。相传四叶草是亚当和夏娃从伊甸园带到人间最奇特的礼物，也有的说法认为四叶草源自拿破仑。一次，拿破仑带着部队越过草原，发现了一株长有四瓣叶子的草，他俯身去采摘时，正好躲过了向他射来的子弹。从此，四叶草便叫幸运草。

苜蓿花

幸运苜蓿草的传说有可能源于转基因技术，这种说法并不是没有依据的，我们可以根据转基因技术来探寻其真伪。生物学家通过使用一些先进的生物科技手法，将一种生物体内的基因提取出来放到另外一种生物体的体内，促使这种基因与另一种生物体内的基因进行重新组合，进而产生一种人们需要的生物制品，这一个过程中使用的技术就被称为是转基因技术。

转基因技术与传统育种技术有两点重要区别：

第一，传统杂交育种技术只能在相同生物物种内进行基因转移，而转基因技术则不受生物物种生殖隔离限制，可以在不同物种间转移基因。

第二，传统的杂交育种技术是在生物个体水平上进行的，两个品种杂交后，来自母本的基因和来自父本的基因混在一起，通过父母基因的重新组合产生新的变异。而转基因技术是从一个物种获得一个功能清楚的基因，并将这个基因转移到需要它的物种中，达到品种改良的目的。

小知识

郭宗德(1933年—)，台湾植物学家，研究院院士。

台南二中、台中农学院(现中兴大学)植物病虫害学系毕业，台湾大学植物病虫害学研究所硕士，美国加州大学戴维斯分校博士。

曾任中央研究院植物学研究所助理研究员、副研究员、副所长、所长。

1974年当选研究院第十届生命科学组院士。

核酸研究揭开“月亮儿女”患病的真相

核酸是由许多核苷酸聚合成的生物大分子化合物，为生命的最基本物质之一。

浩瀚的大西洋一望无际，在这片充满神奇与浪漫的海洋中，孕育了一个奇特的民族——“月亮儿女”。

“月亮儿女”生活在林索伊斯岛上，这里距离巴西圣路易市130公里，几乎与世隔绝。整个民族仅有三百多人，他们的头发、皮肤全是雪白透亮的，眼睛的虹膜为粉红色，视力非常差。令人不可思议的是，他们非常害怕阳光，整天都穿着长袖衫裤，带着帽子。与讨厌阳光相反，月亮儿女们特别喜欢月亮，每到月光皎洁的晚上，男女老少便会脱下服装和帽子，成群结队地来到沙滩上，他们一边唱歌，一边跳舞，尽情表达心中的愉悦和幸福。

因为偏爱月亮，“月亮儿女”的名号由此而来。到底是什么原因让他们与众不同，与月亮结缘呢？“月亮儿女”不知道答案，也不去追究答案，他们祖祖辈辈生活在这里，视月亮为神圣之物，日复一日地躲避着阳光，享受着月亮带来的欢乐。

20世纪70年代，随着核酸研究的深入，研究人员终于弄清楚了“月亮儿女”的秘密，原来他们都患了白化病。

白化病是一种家族遗传性疾病，由于先天性缺乏酪氨基酸酶，或者酪氨基酸酶功能减退，导致黑色素合成障碍，因此皮肤、毛发、眼睛缺少黑色素，结果皮肤、毛发呈现白色，眼睛视网膜无色素、虹膜和瞳孔呈粉红色，怕光。

从白化病的症状对照“月亮儿女”的表现，一点也没有差错。可是还有一个问题困惑着人们：白化病属于隐性遗传病，在普通人群中发病率不高，可是从“月亮儿女”来看，他们整个民族都患有病状，难道还有其他原因？

如果从核酸角度进行研究，问题就会迎刃而解，因为“月亮儿女”生活在小岛上，几乎不与外界交往，他们人口少，所有的居民都是近亲婚配，结果白化病基因代代相传、不断累积，最终导致全岛居民都成了白化病患者。

根据化学组成不同，核酸可分为核糖核酸（简称RNA）和脱氧核糖核酸（简称

DNA)，DNA是储存、复制和传递遗传信息的主要物质基础，RNA在蛋白质合成过程中有着重要作用。

生物学家Watson和Crick于1953年创立的DNA双螺旋结构模型被称做是核酸研究中划时代的重大成就之一。从此之后的30年间核酸的研究又在此基础上得到了长足的发展，1975年Sanger发明的DNA测序加减法为弄清楚DNA顺序做出了巨大的贡献。近十几年，凭借先进的DNA测序技术及其他基因分析手法，生物学家们又致力于研究人类基因组图的制作，基因组图一旦制作完成将会对人类的健康产生不可估计的影响。

小知识

卡尔文(1911年—1997年)，美国生物化学家、植物生理学家。他与A·A·本森等从1946年起经九年左右的时间，终于弄清了光合作用中二氧化碳同化的循环式途径，即光合碳循环(还原戊糖磷酸循环)，被称为“卡尔文循环”。为此，他被授予1961年度的诺贝尔化学奖。著有《同位素碳的测量及化学操作技术》、《碳化合物的光合作用》、《化学演化》等。

逃跑的野山羊
不愿意做外来入侵物种

外来入侵物种指的是那些原来在一个地区生存，后来由于各种原因而进入到其他的区域，或者是借助于人类的活动越过无法自然逾越的空间屏障而进来的物种。

有一位牧羊人赶着羊群在草原上放牧，忽然，不知道从哪里跑过来几只野山羊，混杂的羊群里，和山羊一起吃草。天快黑了的时候，牧羊人将跑来的野山羊一起带回来。

第二天，天空下起了暴雨，因为天气的原因无法放牧，牧羊人就从仓库里取出一些干草分给山羊吃，在分干草的时候，牧羊人特意给野山羊分了很多，他想靠这种办法来驯服野山羊。草原的天空，像爱哭的孩子一样，说变就变，刚才还是狂风暴雨，转眼艳阳高照了。于是，牧羊人驱赶着羊群，前往牧场放牧。路上，野山羊突然脱离羊群，朝山里跑去。

牧羊人冲着逃跑的野山羊们吼道："我对你们那么好，你们竟然还想逃跑，真是忘恩负义的家伙！"

野山羊停住脚步回答道："正因为你对我们太好了，所以我们才无法相信你。因为你对刚来的比对一直熟悉的还要好，那么以后再有其他的野山羊混进来，一定会轮到我们被忽视了。"

外来物种引进是与外来物种入侵密切相关的一个概念。任何生物物种，总是先形成于某一特定地点，随后通过迁移或引入，逐渐适应迁移地或引入地的自然生存环境并逐渐扩大其生存范围，这个过程即被称为外来物种的引进（简称引种）。

毋庸置疑，正确的引进会增加引种地区生物的多样性，也会极大丰富人们的物质生活。相反，不适当的引种则会使得缺乏自然天敌的外来物种迅速繁殖，并抢夺其他生物的生存空间，进而导致生态系统失衡及其他本地物种的减少和灭绝，严重危及一国的生态安全。此种意义上的物种引进即被称为"外来物种的入侵"。

为老虎治病的孙思邈
登上了生态金字塔

把生态系统中各个营养级有机体的个体数量、生物量或能量，按营养级位顺序排列并绘制成图，其形似金字塔，故称生态金字塔或生态锥体。

孙思邈行医归来，见到一只白额大虎趴在自家门口，它不时张大嘴巴，发出痛苦的哀嚎。孙思邈躲在树后观察着老虎，顿时领会了老虎的意思，原来它是来找自己看病的。

此时正是春暖花开时节，很多小动物都开始出来觅食，这样就为老虎提供了丰富的食物，它可能在捕食过程中，不小心将一根骨刺卡进了喉咙里。

孙思邈，唐朝京兆华原（今陕西耀县）人。少年时为治疗父母的疾病，四处拜师，经过刻苦学习，不断实践，终于成为一代名医。

面对一只食人不眨眼的老虎，孙思邈毫不畏惧，只见他坦然无惧走到老虎眼前，扳开老虎的大嘴，仔细诊视了一番，发现一根骨刺卡在了老虎喉咙里。孙思邈担心老虎受不了疼痛会闭上嘴巴，用门上的铁环撑着老虎的大嘴，将骨刺拔了出来，并上了些药。老虎顿时感到咽喉处一阵清凉，伤口也不那么疼痛了，便兴奋地仰天长啸几声，然后像温驯的小猫一样趴在孙思邈的身旁。

老虎为了感谢孙思邈的救命之恩，每年二月杏花盛开时，都会来孙思邈杏林中守候，直到杏子收成之后才离开。这就是“虎守杏林”的故事。

为老虎治病的孙思邈诠释了生态金字塔的意义，老虎登上生态金字塔的顶端，属于高端动物。

生态金字塔的原理可用一个十分形象但又不很严格的比喻来概括：大约 1 000 公斤浮游植物能转变成 100 公斤浮游动物，而 100 公斤浮游动物才能转变成 10 公斤鱼，而10公斤鱼大致是人长1公斤组织所需要的食物。这个规律称为“十分之一法则”，是美国生物学家林德曼提出来的。该法则说明：在生态金字塔中，每经过一个营养级，能流总量就减少一次。食物链越短，消耗于营养级之间的能量就越少，缩短食物链，就能供养较多的人口。

生态金字塔总共有三种类型：生态数量锥体、生态生物量锥体、生态能量锥体。生态能量锥体一定是一个上尖下大的金字塔形锥体，然而，生态数量锥体就未必是上尖下大的“金字塔形”锥体，这是因为有些生物的能量少，但是数量会很多，有些生物的能量多，但是数量却很少。

生态金字塔在我们的日常生活中有广泛的应用，包括生物系统中的生产者、消费者、分解者等等都是在此基础上运作的。

小知识

约翰·康福思(1917年—)，澳大利亚裔英国化学家。20世纪60年代，他证明酶是一种催化效能很高的生物催化剂，某一种酶只能对某一类化学反应起催化作用，他为发展立体化学和阐明生物体内许多复杂的化学变化做出了重要贡献，于1975年与V·普雷洛共同获得诺贝尔化学奖。

福寿螺遭人唾弃
充分揭示入侵的危害性

有意引种，指人类有意实行的引种，将某个物种有目的地转移到其自然分布范围及扩散潜力以外；无意引种，指某个物种利用人类或人类传送系统为媒介，扩散到其自然分布范围以外的地方，进而形成的非有意的引入。外来物种都是透过这两种方式被引种到非其原产地的。

在人们食用福寿螺、谈论福寿螺时，也许并不了解它的由来和出身。原来福寿螺来自遥远的南美洲，它之所以来到中国，在异乡他国“安家立业”，源自20世纪80年代。当时，广东省有些人为了发财致富，将福寿螺引进养殖。

可是事与愿违，养殖户很快发现，福寿螺市场并不看好，回报非常低。既然不能发财，养着福寿螺还会占据地方，消耗能源，不如放生算了。于是有些养殖户们就把福寿螺放走了，让它们回归自然，自生自灭。

没想到，福寿螺进入陌生的环境之后，由于没有天敌，再加上它们具有超强的繁殖能力，不多久，如同蝗虫漫天一样，迅速侵占了当地的水田，并蔓延开来，广东、广西、福建、江苏等地都成为它们攻占的目标。这些福寿螺在稻田中大量繁殖，导致水田受灾，大片水稻被毁。

面对这种毁灭性打击，人们发动了灭螺大战。经过长时间治理，才初步控制福寿螺在稻田中的灾害。不过由于福寿螺极强的生存能力，田边地头、水沟池塘里的福寿螺难以消灭干净，还会随着流水侵入农田，同时，它们也成为一些人的“野味美食”，直接危害人类健康。

在中国，类似福寿螺这样的外来物种还有很多，比如牛蛙、巴西龟，以及疯长的水葫芦、引起枯草热疾病的豚草等。如果低估它们的危害性，造成的损失将会更大。

对一个特定的生态系统与栖息环境来说，非本地的生物（包括植物、动物和微生物）通过各种方式进入此生态系统，并对生态系统、栖地、物种、人类健康带来威胁的现象就称为外来生物入侵。福寿螺遭人唾弃充分揭示出了外来生物入侵的危害性。

福寿螺

生物入侵对自然生态系统的影响主要包括以下几点：

1. 改变地表覆盖，加速土壤流失。
2. 改变土壤化学循环，危及本土植物生存。
3. 改变水文循环，破坏原有的水分平衡。
4. 增加自然火灾发生频率。
5. 阻止本土物种的自然更新。
6. 改变本土群落基因库结构。
7. 加速局部和全球物种灭绝速度。

从社会经济方面来讲，外来生物的入侵有可能会直接危害农林业经济的发展，也可能对旅游业造成一定的影响。

小知识

里塔·莱维·蒙塔尔奇尼(1909年—)，意大利籍和美国籍神经生物学家。由于发现了神经生长因子以及上皮细胞生长因子，她与美国生物化学家斯坦利·科恩在1986年获得诺贝尔生理学或医学奖。

农夫从讨厌到喜欢苹果树的转变说明不同环境下生物的不同价值

不同的环境会对生物产生不同的影响，任何一种实际存在的生物所表现的形式，都是环境影响的结果。

农夫家后园里种着一棵苹果树，因为苹果树年岁太久，已经不能继续结出果子。树杈上堆满了鸟巢，乌鸦们在上面安家落户已有许多年，它们将苹果树当做自己的王国，每天在上面叽叽喳喳叫个不停，仿佛这就是它们生活的全部。

农夫非常讨厌聒噪的叫声，于是他决定将苹果树砍掉。这天农夫提着斧头，狠狠地朝树根砍下去，乌鸦们和在苹果树生存的其他生物见到这个情景，立刻跑到农夫身边恳求说："请你不要砍它好吗？苹果树没有了，我们就失去了快乐的家园。"

"这关我什么事？这树是我种的，我有权利决定它的命运。"农夫狠狠地将斧头砍向树根，大声说道。

"如果你不砍树，我们可以每天为你唱歌，为你装扮着家园。"乌鸦们哀求道。

"我讨厌聒噪，你们这些四肢不勤的家伙赶快给我消失。"说完，农夫继续砍伐树根。

不多时，农夫忽然发现树干中央有个洞，他将斧头扔到地上，徒手将洞口弄大，发现里面有个蜂窝，蜂窝里全是金黄色的蜂蜜。农夫沾了一点蜂蜜，尝尝后高兴地喊道："太好了，这真是个宝藏，以后有得吃了！"从此，农夫把苹果树当做宝物一样爱护。

农夫从讨厌到喜欢苹果树的转变，说明不同环境下的生物有着不同的价值，因此，这就成了生物学家们的一个研究课题。

任何生物体从诞生开始就会有一定的生存环境，在周围的生存环境中会有一些影响它生存的因素，例如光照、温度、空气中的氧气和二氧化碳等属于自然方面的生存环境，除了这些自然方面的环境，人类活动也构成了生物体的周围环境。

环境会对生物体造成一定的影响，生物体对环境也有反作用，也就是说双方的关系是双向互动的而不是单向的。就像森林的存在，可以改善气候、涵养水土、保护野生动物；而毁林开荒，可造成水土流失、土地沙化、气候恶劣、生态环境破坏，物

种丧失,最终危害到人类自身的生存。

另外,不同的环境又会对生物产生不同的影响。如果生存环境很适合生物发展的话,环境就会对生物的生存和发展有着积极的作用;相反,不良的环境会对生物体的发展有着阻碍和破坏作用。所以说,任何一种实际存在的生物所表现的形式,都是环境影响的结果,就像一棵生存在石缝里的小草一样,它会根据生存的环境而改变自身的性状,进而适应这种艰难的生存环境。

研究生物和环境的关系在现实生活中有很多应用,例如,研究改善农业生产结构,以适应当地生活环境的变化,进而促进当地经济的发展。

小知识

亚历山大·佛莱明(1881年—1955年),英国细菌学家,被誉为"抗生素之父"。他首先发现了青霉素,后来英国病理学家弗劳雷、德国生物化学家钱恩进一步研究改进,成功应用于医疗中。青霉素的发现,使人类找到了一种具有强大杀菌作用的药物,结束了传染病几乎无法治疗的时代。1945年,佛莱明、弗劳雷和钱恩共同获得诺贝尔生理学或医学奖。

以讹传讹的"杀人狼桃"揭开维生素在生命中的地位

维生素是人和动物为维持正常的生理功能，而必须从食物中获得的一类微量有机物质，在人体生长、代谢、发育过程中发挥着重要的作用。

西红柿，是一种甜美可口的蔬菜，深受大众喜爱。可是很早以前，人们不敢吃它，土著居民称呼它为"狼桃"，并以讹传讹，说它有毒。

有一年，一位秘鲁少女患了贫血，祸不单行的是，她又失恋了。身体的疾病加上心理的折磨，让她痛不欲生。这位少女决定自杀，以逃脱不幸的遭遇。怎么样死去呢？少女想到了"狼桃"。她来到田里，挑选了很多鲜红饱满的"狼桃"，大口大口地嚼食起来。

"狼桃"水分特多，酸甜可口，少女吃完几颗后，并没有死去。她十分不解，以为自己吃太少了，于是接着吃起来。然而，她仍没有中毒身亡，令她奇怪的是，她比从前感觉好多了。从此，她迷上吃"狼桃"，食用一段时间后，她睡眠比从前香甜，脸色比从前红润，身体也逐渐强健起来，并且贫血有了明显好转。

消息传开，秘鲁人们这才知道"狼桃"不仅没毒，还是一种美味且能够治疗贫血的食品，于是大家都开始吃"狼桃"。

番茄

在世界其他地方，也有关于食用西红柿的各种传说。据说早在17世纪，法国有一位画家，凑巧的是，他也是位贫血患者，在画西红柿的过程中产生了试吃的渴望。他吃后感觉非常不错，于是欣喜若狂地将消息告诉他人，从此法国乃至欧洲也开始了食用西红柿的历史。

到了18世纪，意大利厨师首次将西红柿做成美味佳肴，正式将其摆上了餐桌。

西红柿富含维生素A、C、B_1、B_2以及胡萝卜素和钙、磷、钾、镁、铁、锌、铜和碘等多种元素，还含

有蛋白质、糖类、有机酸、纤维素。近年来，营养专家研究发现，西红柿还具有新的保健功效和防治多种疾病的药用价值。

维生素作为人体不可缺少的有机化合物，对于维持人体的健康有着重要的作用。人体是一个十分复杂的组织结构，在人体内时时刻刻都在进行着各种化学反应，这些化学反应都必须要有辅酶的参加来催化反应。而维生素就是这样一种能够当做辅酶来使用，或者说是一种含有辅酶的物质。经过很多生物学家的证明，维生素是维持和调节机体正常代谢的重要物质，而人体组织中存在很多“生物活性物质”形式的维生素。

关于维生素的研究有着十分重要的意义，因为有很多的疾病就是因为缺乏维生素而引起的。例如，我们熟悉的脚气病是因为缺乏维生素 B_1 而引起的；坏血病是由于缺乏维生素 C 而引起的。所以在日常的生活中，我们应该针对自身的特点来摄取富含有各种维生素的食物，进而保持我们的身体健康。

小知识

克雷格·梅洛(1960 年—)，美国马萨诸塞州大学医学院分子医学教授。2006 年因与斯坦福医学院病理学和遗传学教授安德鲁·法厄发现 RNA 干扰现象而共同获得 2006 年诺贝尔生理学或医学奖。

黑暗中飞行的蝙蝠
飞出超音波

超音学是研究超音的产生、接收和在媒质中的传播规律的一门科学。超音的各种效应，以及超音的基础研究，是和国民经济各部门的应用紧密相关的声学的重要分支。

意大利科学家斯帕拉捷做了一个实验，他将蝙蝠的双眼刺瞎，然后放飞到空中，蝙蝠拍动着带有薄膜的翅膀自由飞在空中，并发出“吱吱”的叫声。斯帕拉捷见状，百思不得其解：“蝙蝠失去了视觉，怎么还能飞翔得如此敏捷？”

斯帕拉捷下决心一定要解开这个谜团，接下来，他将蝙蝠的鼻子堵上后放飞，结果对蝙蝠的飞行完全没有影响。

蝙蝠

最后，斯帕拉捷将蝙蝠的耳朵堵上，发现它在空中东碰西撞，很快就跌落在地。斯帕拉捷这才弄清楚，原来蝙蝠是靠听觉来分辨方向以及确定目标的。

于是，他将此发现公布于众，引起了人们极大的兴趣。后来，科学家们终于知道了蝙蝠是利用“超音波”来分辨方向和确定猎物位置的。蝙蝠的喉头能发出一种超越人类听力极限的高频声波，这种声波沿着直线传播，碰到物体就会反射到耳朵里，使它做出准确的判断，进而更正飞行方向。

在我们非常熟悉的蝙蝠的启发下，人类研究出了超音波。

振动频率大于20 KHz以上的，人在自然环境下无法听到和感受到的声波就被人们视为是超音波。

超音波在一些媒质上的反射、折射等规律与其他的肉耳可听到的声波没有本质上的不同。唯一的不同就是超音波是一种波长很短的声波，只有几公分，甚至千分之几公厘。超音波在人类的生产和生活中有着广泛的应用，例如现代医学上一个新的治疗疾病的方法就被命名为超音波治疗，这种治疗就是利用超音波来治疗疾病。同时，超音学还被广泛地应用到工程学等方面。

对于超音波的研究产生了一门新的学科，叫做超音学，它主要是研究超音波的产生、传播和接收，以及各种超音效应和应用。当前，超音学仍是一门年轻的学科，其中存在着许多尚待深入研究的问题，对许多超音应用的机理还未彻底了解，况且实践还在不断地向超音学提出各种新的课题，而这些问题的不断提出和解决，都已说明了超音学在不断向前发展。

小知识

拉札罗·斯帕拉捷(1729年—1799年)，意大利著名的博物学家、生理学家和实验生理学家。他在动物血液循环系统、动物消化生理、受精等方面都有深入的研究，他的蝙蝠实验，为“超音波”的研究提供了理论基础，此外，他还是火山学的奠定者之一。

谈恋爱的鱼
无可避免产生性激素

性激素，也可以叫做甾体激素，它主要是由动物体的性腺以及胎盘、肾上腺皮质网状带等组织组成，可以促进性器官成熟、副性征发育及维持性功能。

大洋深处生活着一种名叫“掺鱼”的生物。一直以来人们都认为掺鱼只有雌性，直到科学家发现，每一条雌掺鱼身上都附带着一条非常小的雄掺鱼。经过科学家的研究，原来雄掺鱼在孵化的时候，就进行了“择偶”，找到了自己雌性伙伴后，将牙齿深深地扎进雌性的体侧，靠吸取雌性的体液来维持自己的生命，成了“好吃懒做”的寄生者。雄掺鱼在雌掺鱼体表上生长，许多生活器官逐渐失去了功能，只有生殖器官渐渐成熟。随着身体的成长，雄掺鱼逐渐“长”入雌鱼的体表，与雌鱼交配，最终成为雌鱼体表一个不显眼的小隆点。这种奇异的繁衍后代方式，在生物界中或许绝无仅有。

在欧洲海岸有一种叫沙蛙鱼的小型鱼类，它们繁衍方式非常奇特，雄性沙蛙鱼要吸引和讨好雌性，必须在浅海处用贝壳在小石块上构筑一个安乐窝，窝内是空的，上面覆盖着沙子，有着伪装的作用。它还有一种非常奇特的手法——扇鱼卵，雄性沙蛙鱼会用胸鳍闪动卵子上面的海水，使水流动起来，产生氧气，进而使卵子早日成熟。有意思的是，只有雌性沙蛙鱼在场的情况下，雄性沙蛙鱼才会卖力筑建新窝和精心照料卵子。当雌性沙蛙鱼不在场的时候，雄性沙蛙鱼筑建小窝的时候会无精打采，丢三落四，甚至不想继续建造它们的小窝。更可怕的是，雄性沙蛙鱼饥饿的时候会毫不犹豫地吞吃卵子来充饥。

人在有些时候会产生性激素，这是众所周知的道理，但是殊不知，谈恋爱的鱼也会产生性激素。

性激素并不是一种单独工作的物质，在进入了细胞之后，性激素会和受体蛋白形成一种结合，接着就会产生一种激素——受体复合物，进而作用于生物体的染色质，而影响 DNA 的转录活动。在这种影响的基础上，性激素会继续影响蛋白质的生物合成，这样就可以调控细胞的代谢、生长或分化。

目前生物学上对性激素的研究也已经十分成熟了，并且有了一系列的研究成果，其中就包括性激素的形成途径。研究显示：在胆固醇的基础上，性激素缩短了侧链，进而产生了21碳的孕酮或孕烯醇酮，在侧链被取消之后，孕酮转变成为19碳的雄激素，接着又生成了18碳的雌激素，而这一路径适用于所有的性激素的生物合成途径。

小知识

埃黎耶·埃黎赫·梅契尼可夫(1845年—1916年)，俄国微生物学家与免疫学家，免疫系统研究的先驱者之一，“乳酸菌之父”。1908年，他因为胞噬作用的研究，而获得诺贝尔生理学或医学奖。著有《炎症的比较病理学》、《传染病中的免疫性》、《人的本性》。

恐怖狂牛症
再次提醒人们食品加工与卫生

食品加工说白了就是将原粮或其他原料经过人为的处理过程，形成一种新形式的可直接食用产品的一种过程。在食品加工中要十分注意的是公共卫生的问题，也就是食品的安全问题。

牛肉以及牛奶作为人们生活最普通的食品，早已走上千家万户的餐桌，作为最早的天然饮料，牛奶具有很高的营养价值，在组成人体的20种蛋白质的氨基酸里，有8种是人体自身所不能合成的，但是牛奶可以提供人体生长发育所需要的全部氨基酸，这就是牛奶所具有的任何饮料都无法比拟的功效。而牛肉因其脂肪含量低，味道鲜美被称之为“肉中骄子”而受到全世界人们的喜爱。

可是在2003年12月的美国，人们对牛奶和牛肉却突然变得恐惧起来，并拒绝将它放上餐桌，这是怎么回事呢？原来，在美国华盛顿有一个以乳制品闻名的小镇叫做马布顿，这里有一头四岁荷兰乳牛突然发生神经错乱，继而焦躁不安，呼吸逐渐衰竭，最后身体急速消瘦而被宰杀。经专家验证，这头乳牛得了最令人不寒而栗的狂牛症。

这则消息像长了翅膀一样迅速传遍小镇的各个角落，可是为什么会出现狂牛症呢？美国农业部开始对这个事件进行深入调查，首先他们从那头得了狂牛症的乳牛入手，这头牛起初没什么明显症状，只是在产后出现了麻痹，被确诊为狂牛症以后，很快就被宰杀了。

检验官员搜集了这头乳牛两年之内所有待过的地方，以及是否被喂过违禁的饲料。狂牛症的传播途径基本上有三个：一个是食粪虫透过病牛的排泄物向健康乳牛传播，一个是母子传播，第三个也是最直接的一个是通过饲料传播，有关部门规定严禁给乳牛喂食掺杂骨粉的饲料，因为有的骨粉就是来自病牛的身体。通过缜密的调查，发现这头乳牛就是因为食用了含有违禁骨粉的饲料，而引发狂牛症的。

接着，人们便采取了相应的措施，4 000头乳牛被隔离观察。

由于小镇上出现了狂牛症，有关牛奶以及牛肉的所有再加工食品全部滞销，小

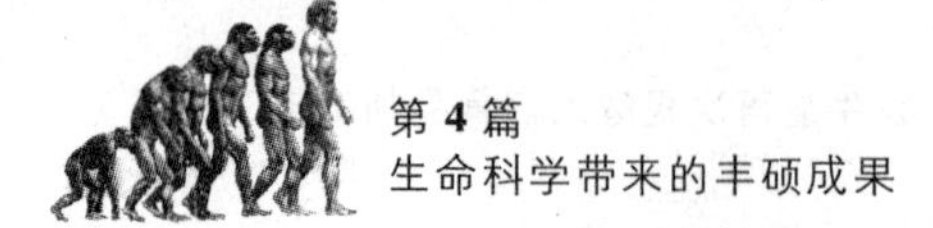

镇的经济蒙受了前所未有的损失。

在遭受重创之后,美国的乳牛业更加重视乳牛的养殖环境,从乳牛的引进到繁殖以及喂养等各个环节严格保证乳牛的卫生安全。

对于狂牛症,大家都十分了解,俗话说"病从口入",这种严重的疾病就是起源于食物,这也提醒了我们要经常注意食品加工与卫生。

食品对人类来说可以说是每天的必需品,它对于人体的身体健康和正常的生产、生活有着重要的意义,因此我们应该十分重视食品的加工和食品的卫生问题。

食品加工就是将原粮或其他原料经过人为的处理过程,形成一种新形式的可直接食用产品的一种过程。例如,把小麦经过碾磨、筛选、加料搅拌,做成面包,这个过程就属于食品加工的过程。在食品加工中要十分注意的就是公共卫生的问题,也就是食品的安全问题。

食品安全要求生产食品的厂商要生产无毒、无害的食品,在生产过程中要注意不要产生对人体健康有危害的物质。食品安全问题不光是对生产食品的厂商提出的要求,同时还是对储存以及销售食品的商家提出的要求。

对食品加工与卫生的研究有着重要的现实意义,因为我们每天都要吃各式各样的食品,相对的,食品安全就是一个必须要考虑的问题。因此这就要求有关部门建立完善的食品安全维护体制、提高食品企业的质量控制意识、初步建立食品安全宣传教育体系,对消费者进行食品科普教育。只有在大家的共同努力下才能够实现食品安全,才能保持人类的健康。

喜欢解难题的孩子解不开色盲之谜

有些人天生就是色觉障碍,他们无法正确辨认一些光,这类疾病就叫做色盲。色盲的类型很多,包括全色盲和个别色盲。全色盲就是对正常人能够辨认的三原色都无法辨认的色盲,而个别色盲是指仅仅对一种或者几种光辨认有困难的色盲。

“妈妈,你为什么给我买了一双灰色的袜子呢?让我怎么穿出去啊!同学们会笑话的。”这是在一个平安夜,贫困的妈妈给约翰·道尔顿买了一双袜子作为圣诞礼物,可是他却对袜子的颜色很失望。

“怎么会呢?我明明挑了一双浅红色的袜子啊!”妈妈随即拿过袜子一看,原本就是红色的,可是儿子怎么说是灰色的呢?她以为儿子在开玩笑,所以就没再理他,可是约翰·道尔顿心里还是很纳闷:“明明是灰色的,妈妈为什么不肯说实话呢?”于是,他拿着袜子跑出去,向弟弟和其他的邻居询问,邻居们都说袜子是红色的,只有弟弟说袜子是灰色的。

仅仅是一双袜子,为什么别人都说是红色的呢?难道是自己和弟弟的眼睛有问题吗?他又准备了几样东西,让大家来分辨颜色,结果这些东西或红或蓝,只有自己和弟弟看到的是黑、白两色。这时候,约翰·道尔顿才发现,他与弟弟的眼睛缺乏分辨颜色的能力。

为什么会出现这样的事情呢?约翰·道尔顿很想解开这个谜底。于是他投入对颜色的分析和研究中,最后他发现,人对颜色的感觉分为两种,一种是正常色觉,一种是障碍色觉。可见光内所有的颜色都是由红、绿、蓝三色组成的,从医学的角度来说,如果能够分辨这三种颜色的话,就是正常色觉,反之就是色觉障碍,也就是色盲。

在色盲的人群里,还有二色视之说,就是分辨不出红色和绿色,如果三种颜色都分辨不出的话,那就是全色盲。而可怜的约翰·道尔顿和他的弟弟患的就是二色视。

从一双袜子开始,约翰·道尔顿解开了颜色之谜,进而成为世界上第一个发现

色盲的人。通过对色盲的研究，他还写出了《色盲论》，把色盲这个问题向全世界提了出来。

色盲之谜是一个困惑了生物学家们几十年的谜团，因为色盲牵涉很多生理方面的疾病。

随着科技的进步，生物学家已经给出了一个合理的解释：人能够辨别颜色要得益于眼视网膜上的三种感光细胞，而这三种感光细胞对红光、绿光和蓝光这些波长比较长的光尤其敏感。而一旦视网膜上的三种感光细胞中的某一种或者是全部出了问题之后，人就不能正确地辨别颜色了。例如，全色盲就无法对任何一种颜色的光进行正确的辨认，这是因为病人的三种感光细胞都出现了问题。有些遗传物质会造成人的色盲，但是人体视神经和脑的病变有时候也会引起色盲的发生。

现在，红、绿色盲的治疗已取得可喜进展，这一成果给广大患者带来了福音，让他们看到了治愈的希望。

小知识

奥尔良·盖尔斯特朗德(1862年—1930年)瑞典生理学家，因在眼科屈光学方面的杰出成就而获得诺贝尔生理学或医学奖。

在挂着最新鲜肉的地方修建医院是为了适应环境保护

环境保护是指人类为解决现实的或潜在的环境问题，协调人类与环境的关系，保障经济社会的持续发展而采取的各种行动的总称。

阿拉伯医学家拉齐斯是许多“世界第一”的纪录保持者：第一个发明串线法，用动物肠子制线用于缝合伤口，然后可以被身体组织融化吸收；第一个明确区别了麻疹和天花的症状；第一个发现经纬度不同的地理位置，同一种药物的疗效也不同；第一个提出主张，在给病人服用新药以前，要先在动物身上进行试验；第一个注意到某些疾病是遗传的；第一个指出所谓的花粉热是源于花的芳香；第一个使用汞制剂。因此，他被称为“穆斯林医学之父”。

拉齐斯在医学上的第一难以计数，同时他又是伟大的化学家、哲学家。他在 40 岁时还用哲学来研究琵琶，而后才进入医学领域。他游历的足迹从耶路撒冷延伸到哥多华，一边执医，一边从“女人与药商”那里搜集资料。他对待病人的态度一向谨慎而负责，正如他教导学生的那样——治疗总是痛苦的，这个世界上没有病人希望的那种舒适的治疗，因此一个好的医生绝对不能屈服于病人的要求而放弃自己的判断。

中间站立者为拉齐斯，他是阿拉伯帝国时期一位杰出的临床医生。

同时，拉齐斯又是一个很有趣的人。当他应邀为巴格达一所医院选址的时候，所用的点子妙趣横生。他命人在城中各处挂了很多新鲜的肉，数天之后，选择腐败程度最轻的那块肉的所在地，作为医院的兴建地址。他采用的这种选址方式，充分考虑了医院良好卫生环境的需要，选择良好通风地点将有效减少细菌繁衍的基本条件。

拉齐斯的一生著述颇丰，他花了 15 年时间完成了一部百科全书式的巨著——《医学集成》。书中广泛吸收了希腊、印度、波斯甚至中国的医学成果，讲述了多种

疾病以及疾病的进展和治疗情况，涉及外科、儿科、传染病和多种疑难杂症的治疗经验和理论知识。这本书流传到欧洲，立刻取代了盖伦的医书，成为最流行的医学教材和资料，并多次翻印。除此之外，他还写了《医学入门》、《药物学》、《盖伦医学书的疑点和矛盾》等书。正如拉齐斯自己所说，他的科学成就远远超越了他卓越的思想。

在挂着最新鲜肉的地方修建医院听起来是一件很奇怪的事情，但是这种做法却是为了适应环境保护而实行的。

对环境保护的研究是一个涉及面非常广泛的综合性学科，它涉及自然科学和社会科学的许多领域，还有其独特的研究对象。

环境保护主要分为：保护自然环境；保护人类居住、生活环境；保护地球生物。对于环境保护的研究在现实生活中已经得到广泛的应用，例如，对废水及废气的限制性排放、对水资源的治理、对野生动物的保护等等都是环境保护的具体实践。

小知识

弗洛兰斯·南丁格尔（1820年—1910年），近代护理专业的鼻祖。她撰写的《医院笔记》、《护理笔记》等主要著作成为医院管理、护士教育的基础教材。

由于她的努力，护理学成为一门科学。

汉武帝西征
遭遇历史上最早细菌战

细菌战也被称为“生物战”，顾名思义，就是将细菌或者是病毒当做武器，进而伤害人类和牲畜，造成人工瘟疫的行为。

公元前 90 年，汉武帝将攻击匈奴的大军分成三路，主攻任务由李广利将军率领的部队担任。

在前进的路上，西路汉军抓获了匈奴的一些侦查人员，根据他们说，匈奴王将下有咒语的牛羊掩埋在汉军经过、驻扎的道路、河流等地方。这些死去的牛羊掩埋一段时间后，其体内会孳生出大量的细菌，当细菌孳生到一定的程度，便会扩散到附近的土壤与水流之中。对长途跋涉而来的汉军来说，水源是不可缺少的必需品，可是当他们一旦饮用被细菌感染的水源后，就会染上霍乱等传染病，造成军队战斗力下降。同时，这种行为还带有强烈的精神打击。

李广利将军率领的中路军取得数次胜利，很快便进入到匈奴的腹地。此时，长安传来不好的消息，李广利的家人因牵涉“巫蛊之祸”，被汉武帝关押进大牢之中。主帅李广利听后心急如焚，为了表明自己的立场和挽救家人，他不顾兵家大忌，孤军冒进，打算一举捣毁匈奴的统治中心。本来汉军的原计划是在边境线附近与匈奴作战，现在李广利将军将原计划彻底打乱，给其他部队带来巨大的困难，补给不足最为突出。

为了补充补给，汉军只得就地寻找水源和食物，在这些情况下，匈奴巫师所掩埋的那些带有病菌的牛羊尸体发挥了作用，使汉军部队发生了瘟疫，大量的士兵感染霍乱等病，不少士兵因此死亡。

结果，人数超过七万的汉军被五万的匈奴部队击败，李广利将军只好率领残部投降匈奴。

细菌战也被称为“生物战”，顾名思义，细菌战就是利用细菌进行战争的一种行为。人类第一次接触细菌武器是在第一次世界大战中，德国首次使用生物武器。在第二次世界大战期间，日本曾先后在中国东北、广州及南京等地建立制造细菌武器的专门机构，并于 1940 年至 1942 年在中国浙江、湖南及江西等地散布过鼠疫和霍乱等病菌，以致造成这些疾病的发生和流行。这些都是细菌战的典型代表。

细菌战主要有鼠疫、霍乱、伤寒、炭疽等几种类型，而且这些都属于烈性传染病。鼠疫的传播媒介是老鼠和跳蚤，这种传染病经过家人和邻居之间的互相传播而盛行。霍乱弧菌在人体中存在会引起霍乱，伤寒杆菌引起的经消化道传播的急性传染病叫做伤寒。这些传染病不管是哪一种都是十分严重的，有的甚至可以造成某一地区人口灭绝的危险。因此，国际社会极力呼吁各国舍弃细菌战这一野蛮的战争方式，相信在全世界人民的努力下，细菌战不会再次登上历史的舞台。

小知识

埃米尔·杜布瓦·雷蒙(1818年—1896年)，德国生理学家，现代电生理学的奠基人。